萌物！

儿童产品创意设计

Creative designs of children products

傅月明　许晓政 ———— 编著

辽宁科学技术出版社
·沈阳·

图书在版编目（CIP）数据

萌物：儿童产品创意设计 / 傅月明，许晓政编著. — 沈阳：辽宁科学技术出版社，2020.4
ISBN 978-7-5591-1364-1

Ⅰ. ①萌… Ⅱ. ①傅… ②许… Ⅲ. ①儿童一产品设计 Ⅳ. ①TB472

中国版本图书馆CIP数据核字（2019）第246733号

出版发行：辽宁科学技术出版社
（地址：沈阳市和平区十一纬路25号 邮编：110003）
印 刷 者：深圳市雅仕达印务有限公司
经 销 者：各地新华书店
幅面尺寸：170mm×240mm
印　　张：15
字　　数：200千字
出版时间：2020年4月第1版
印刷时间：2020年4月第1次印刷
策 划 人：杜丙旭
责任编辑：杜丙旭 周 洁
封面设计：周 洁
版式设计：周 洁
责任校对：周 文

书　　号：ISBN 978-7-5591-1364-1
定　　价：88.00元

联系电话：024-23280367
邮购热线：024-23284502
E-mail: 1076152536@qq.com
http://www.lnkj.com.cn

目录

序　言

设计，不仅以人为中心

设计对于产品来讲，不仅要以人为中心，还是一种以人为目的、以人为根本的思维能力，而产品则是表达这种能力的一种物化形式。

设计是很多企业取得商业成功的抓手，好的品牌策略和产品设计可以帮企业赚得盆满钵满，甚至可以将一个平庸的公司变成伟大的公司。

今天的设计使我们的生活变得丰富而惬意，设计将高速发展的科技带入我们的生活中，我们被卷入一个又一个的潮流，由此而形成了今天的生活方式。

面对一个大爆炸的商业世界，一个人有一百个需求，设计师怎么能帮助人们找到内心真实的需求，怎么能找到消费者和企业之间的交叉点，找到一种与自然和谐的制衡点……我想，生活能让我们感知到这种方法。

不是吗？世界上第一辆可折叠婴儿车的发明就是源于一个生活场景。1965 年，一位名叫 Owen Maclaren 的英国航空机械师听到女儿抱怨，携婴儿去美国旅行，除了大包小包还要拖着沉重的婴儿车——这个抱怨拿今天的话来讲就是“痛点”。这位机械师老爸意识到女儿需要的是一种轻便能带上飞机远行的婴儿车，这个想法让他发明了世界上首台 3D 折叠的伞把车，这是他的一小步，却是婴儿车历史上的一大步，婴儿车由此进入可折叠的时代。从此“Maclaren”也成为一家成功的公司，变成伞把车的代名词。

无独有偶，世界上第一辆跑步车的发明也源于一个生活场景。1980 年，一个名叫 Baechler 的美国人，他喜欢运动，有天跑步时就想，怎么才能在跑步时带着自己的宝贝一起，享受户外阳光，享受自然。他遇到的问题是，现有的婴儿车都远远不能胜任高低不平的路况和自己跑步时的踢脚深度。于是他拆了家里的自行车和婴儿车，自己动手拼了一辆“跑步车”。这辆跑步车一经问世便得到了人们的高度赞誉，1984 年他创立了“Baby Jogger”公司，如今这也成了跑步车的代名词。

设计师很多貌似不经意的设计改变了我们的生活，因为他们的设计表达了对人的关怀，消除了各种不平等。企业也因这些好的设计和品牌策略发展壮大，甚至让整个产业更具活力——“世界因工业设计而更加美好，产业因工业设计而更具活力。”

去年我国出生人口 1723 万，而经历 40 年的改革开放，老百姓的可支配收入快速增长，消费正在升级；中国也是世界婴幼儿产品的生产大国，全世界 80% 以上的产品都在中国制造。有近 2 万家从业企业每天都在造、造、造，OEM、ODM，也有 OBM，消费者也为一些品牌买、买、买，希望买到自己认同的“品牌”。问题来了，什么是“品牌”？

我认为品牌的核心价值不是企业自己定的，它来源于消费者对该企业产品的认同，一个品牌的产品越能触及消费者的内心需求，就越能拨动消费者的心弦，让他们的心灵受到感染，从而得到他们的忠诚。

举个“口袋车”的案例。好孩子的“口袋车”获得了吉尼斯世界记录，“红点”设计奖和德国“iF”设计至尊金奖、中国专利金奖和中国优秀工业设计金奖。为什么她能集这么多奖项于一身？因为她为消费者重新定义了轻便婴儿车，真正做到了“设计三用”原则。即“有用的、好用的、消费者想用的”。“有用的”就是对于生活形态的发掘，产品越小，活动半径越大，产品越轻便，越能做到随时随地的呵护和“陪伴”。陪伴也许是上一代父母的痛，因为要忙于工作，没有时间“陪伴”；因为没有更轻便的物理产品，不能随时“陪伴”；等等。“好用的”设计就是体验，哪怕是一个语义提示，轻轻的一提，甚至是一个产品命名——“多啦爱梦的口袋”都能让人产生对产品、对品牌的好感。

正是这种追求极致、苛求完美的产品开发信念和企业所创立的科学育儿理念，赢得了全球消费者对“好孩子”的青睐，也培育了一大批忠实的粉丝。

如果说婴儿车主动使用者是父母，婴儿是被动使用者的话，那玩具开发的主动使用者便是儿童了。我们经历了 20 世纪 70 年代的打弹珠、丢沙包，80 年代打游戏、玩玩具枪，90 年代玩网游、躲避球；2000 年后的玩 Pad 年代，也经历了国外玩具品牌导入给市场带来的玩具设计的新思维和新动力，像迪斯尼、巴比娃娃、乐高、孩子王、椰菜娃娃等，不断触动孩子们的神经。

就拿椰菜娃娃来说。20 世纪 80 年代一种需办理领养手续的玩具娃娃风靡全美，它不像其他娃娃放在货架上，而是放置在小婴儿床里，随身附出生证明，有心“领养”的小朋友先要办好领养手续，才能把孩子领回家养大。据说生产娃娃的公司得到了儿童心理学家、儿童医学专家、心理学专家的大力支持。这些专家普遍认为，椰菜娃娃的玩具模式，有助于培养儿童的爱心和责任感！

另一个成功玩具就是“乐高”积木，发展至今它变成了很成功的成人玩具，这是它的发明者奥勒·基奥克没有想到的。今天的乐高家庭有 1300 多种形状，每种形状都有 12 种颜色，能够搭建无穷多样的形态，并且在 20 世纪 80 年代开始，产品延伸到“乐高”教育。

积木虽小，能量巨大。积木培养孩子的观察力、动手能力，积木也培养孩子的好奇心，想象力，以及不满足于千篇一律的创造性。

也许“可玩性、参与性、启蒙性、责任性”是这些玩具共同的创意点，我们感谢这些设计师和企业家们。

确实，好的设计能改变人的行为，能体现人、物、环境的最佳和谐状态，具有美感和营造魅力体验的产品是实用性不可分割的一部分，它会影响我们每天的幸福。设计改变生活，生活也改变了今天的设计。时代在变，内容在变，不变的永远是设计对人的关爱。

今天我们终于等到了属于我们自己的《萌物！儿童产品创意设计》一书。我们期待这本书带给设计行业和母婴行业经营者更多的思考，更期待这本书能带给企业对未来的展望。

傅月明

饥饿的餐垫

设计机构 / Héctor Serrano 工作室

使用“饥饿的餐垫”时，忘记种种禁忌吧。孩子们会获得快乐的体验，也会通过使用这些有趣的食物容器学到吃东西的技巧。所以，请尽情喂饱动物吧！

客户 / Doiy 生活创意品牌

国家 / 西班牙

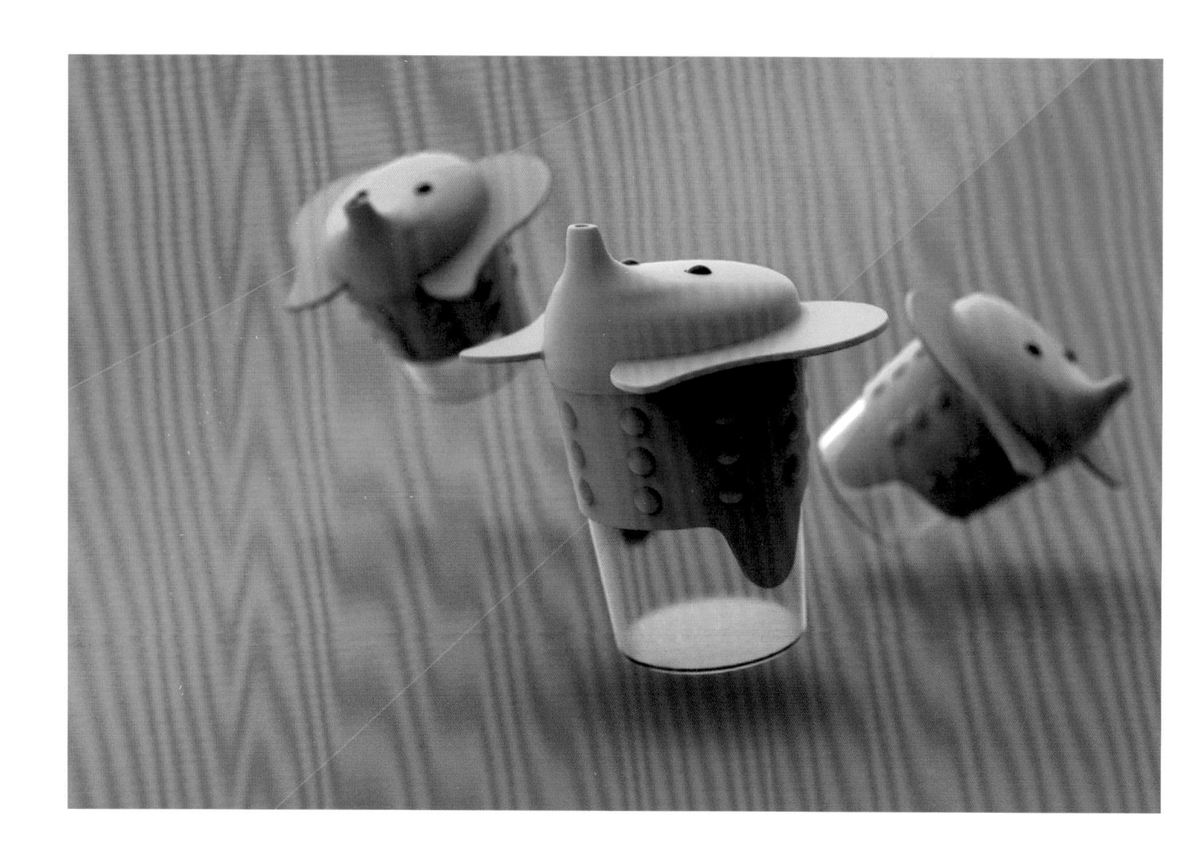

GRIPPY SIPPY 鸭嘴杯

设计师 / Emilios Farrington-Arnas

成为新手父母意味着出门要带很多东西，不过所有的婴儿和幼儿都需要一个鸭嘴杯。鸭嘴杯通常体积很大，任何饮品都必须在饮用前，从杯中倒入鸭嘴杯。Grippy Sippy 鸭嘴杯的杯盖可以拆卸，还设计了方便小手抓握的把手。这款鸭嘴杯采用食品级硅胶制作，可以进行拉伸，适应不同大小的水杯、玻璃杯或马克杯。它将原本尺寸固定的杯子变成了不会溢出液体的鸭嘴杯。

客户 / Mothercare 品牌 /ELC　**摄影** / Emilios Farrington-Arnas　**国家** / 英国

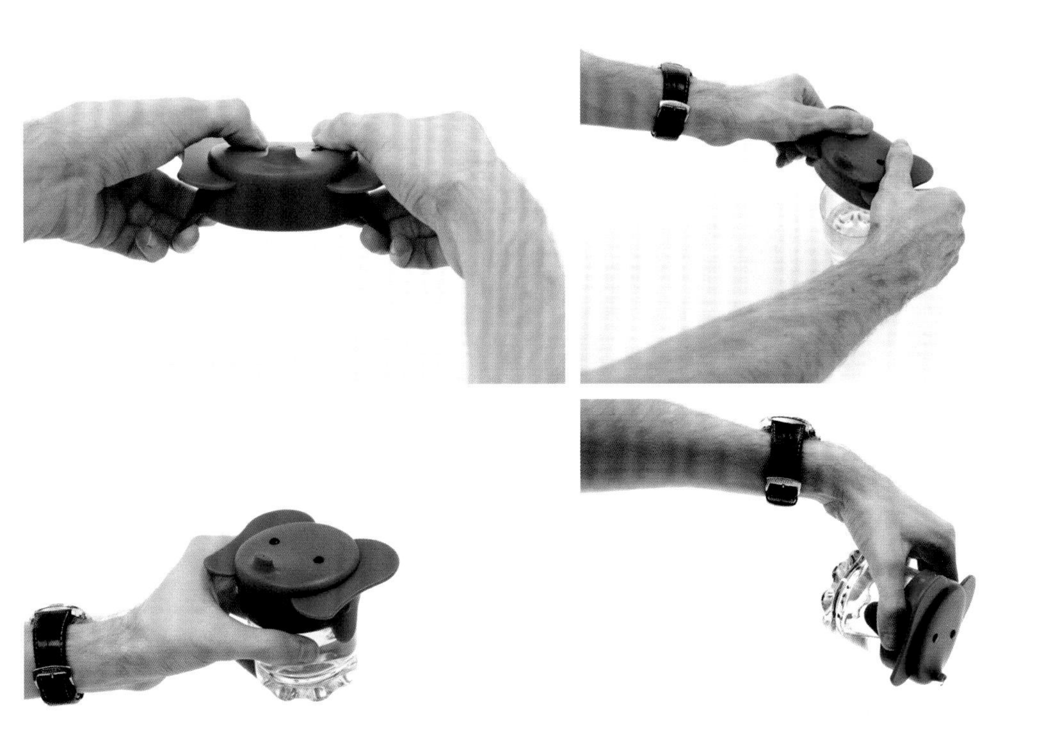

TELESCOPIC
SCREWS ON
EXPANDS LIKE BALLOON
SLIDES ON
STRETCHES TO FIT ANY GLASS
RETROFIT TO BOTTLE
LID FITS INSIDE

游戏星球

设计师 / Hazel Yang

开始学习餐桌礼仪的时候，儿童对食物的探索是一种富有想象力的体验。本设计是针对 1~3 岁左右儿童的餐具套装，在儿童餐厅里使用。食物被放入不同的容器中，各个容器单元被组合放置在可旋转的盘子上，更有趣，更易于分享，也创造了一个趣味性更强的用餐环境。

摄影 / Andrew Kan

国家 / 中国

“气”自动加热婴儿奶瓶

设计机构 / HJC Design 设计公司

这款名为“气”的产品是独特而优雅的一次性自动加热婴儿奶瓶，由 HJC Design 设计公司设计。它提供了细致和实用的喂养方式，方便按照宝宝的需求随时随地进行喂养。产品将成品配方奶与内置加热系统相结合，使得父母们能够保持独立性，以最少的麻烦，按照规律的喂养习惯进行喂食。这款创新的设计以卫生的方式保存成品配方奶，通过对底座进行简单的扭转，即可安全加热，无论是出门在外还是特殊情况发生时，都能为宝宝提供温暖而满足的食物。

客户 / HJC Design 设计公司内部项目　**摄影** / HJC Design 设计公司

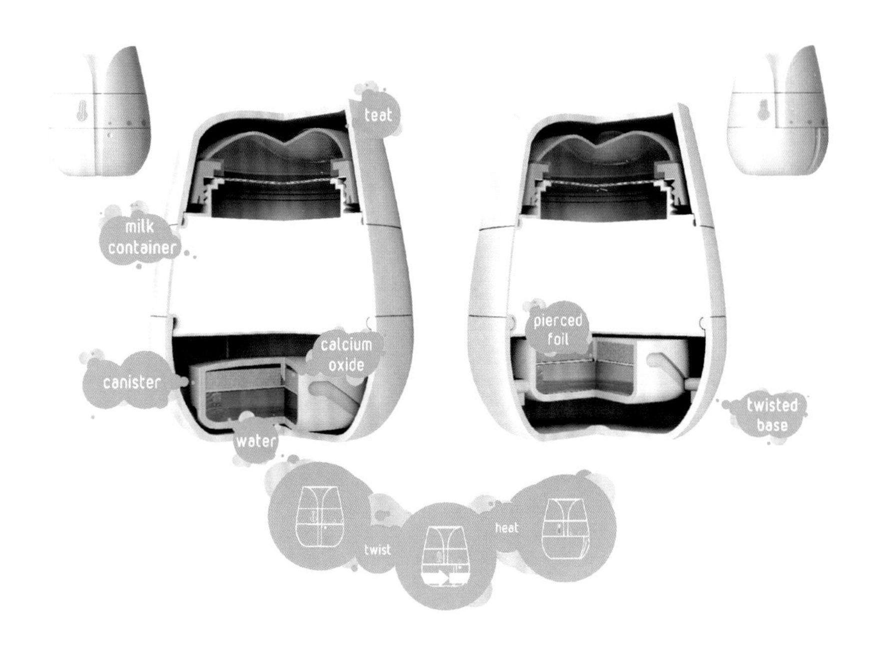
teat
milk container
calcium oxide
canister
water
pierced foil
twisted base
twist
heat

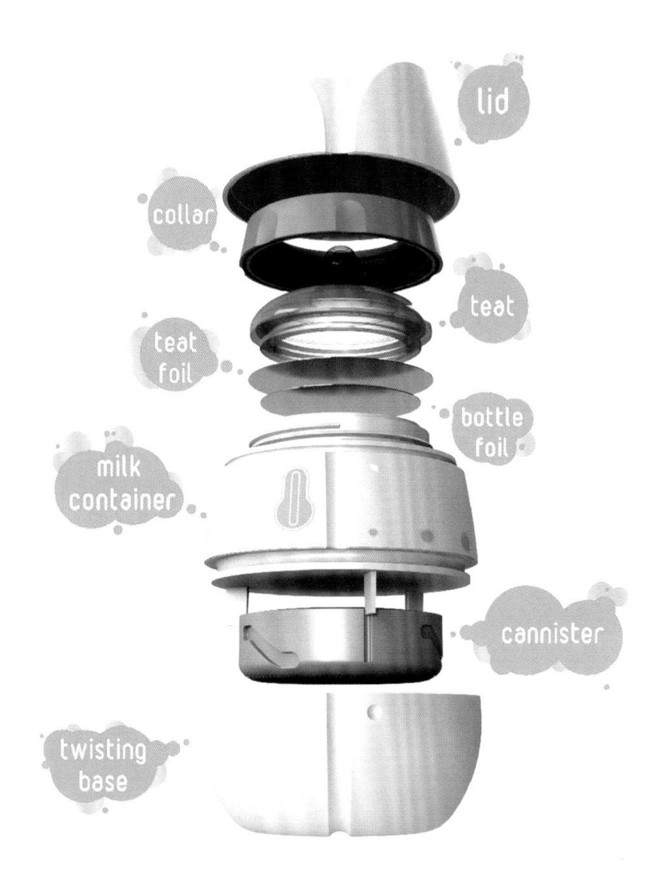
lid
collar
teat
teat foil
bottle foil
milk container
cannister
twisting base

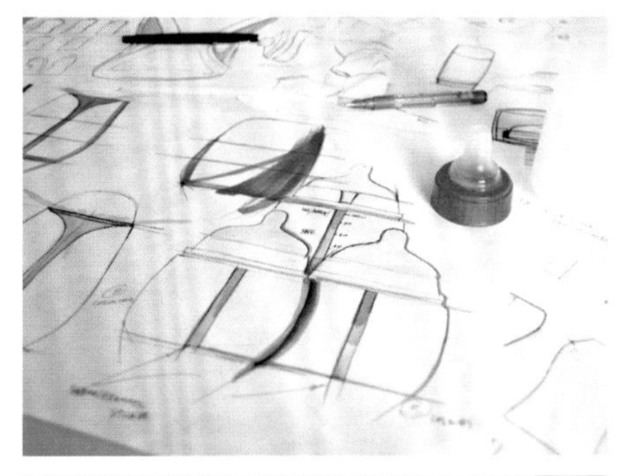

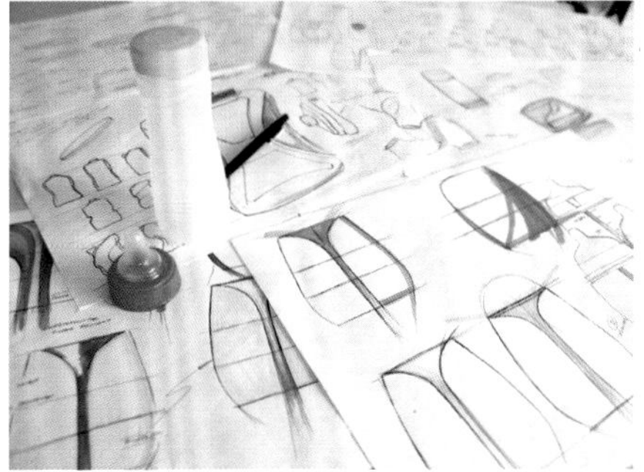

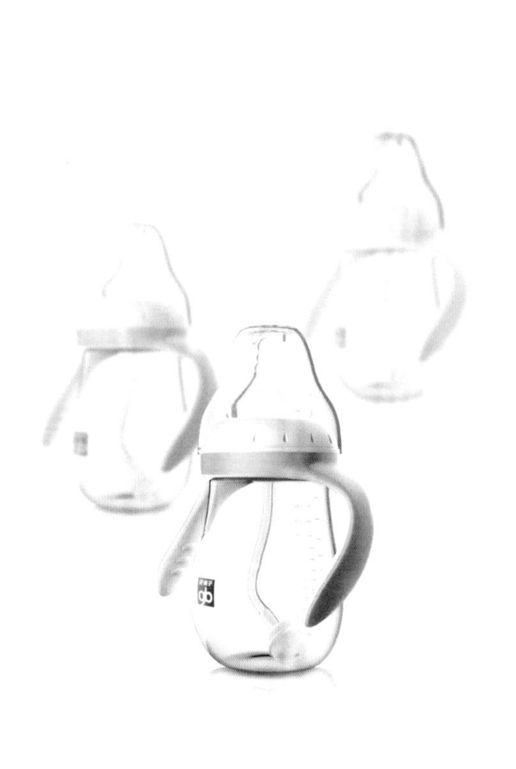

好孩子专业奶瓶，智慧系列

设计机构 / 好孩子（中国）商贸控股有限公司
销售网站 / https://www.haohaizi.com/product-6425.html

母乳触感，宽口设计，人体工程学手柄，PPSU 材质，配备吸管。奶粉溶解度高，不产生结块。两条曲线柔和的腰线设计适合成人双手抓握，帮助新手家长稳定喂食，使宝宝吮吸时更舒适、更稳定，在智慧系列陪伴下，健康成长。

创意总监 / Nicola Jiang　**客户** / Goodbaby 中国公司　**国家** / 中国

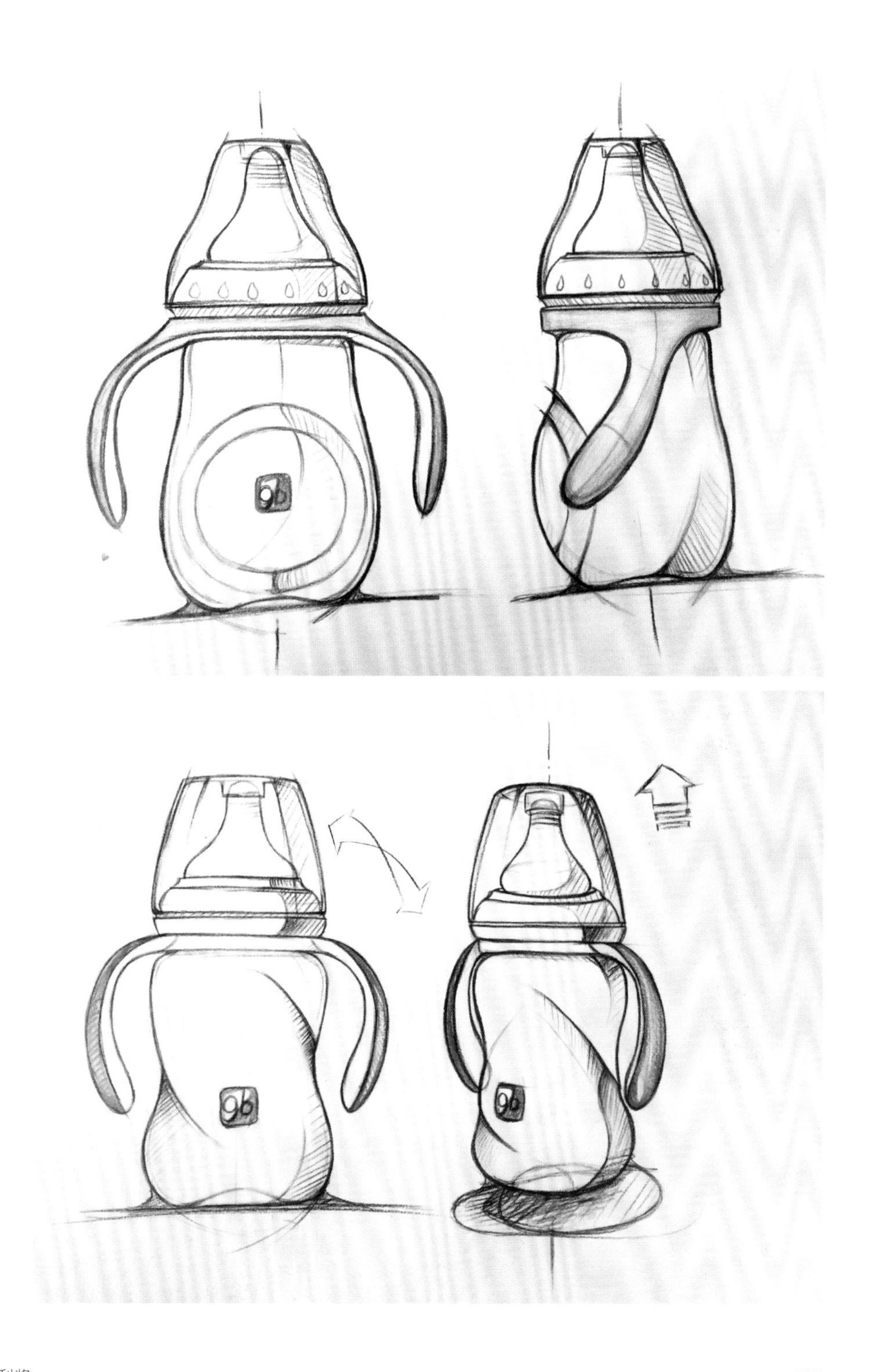

PACIBREATH 智能奶嘴

设计机构 / Desall 设计平台
销售网站 / https://desall.com/User/atomare/Profile

PaciBreath 是一款采用了创新技术的智能奶嘴，让父母能够直接在自己的智能手机上监测婴儿的生命体征。鲜明的色彩为产品外观增添了温馨、趣味的印象。产品中间的电源按钮被灯环包围，指示奶嘴功能正常，传感器还能识别到奶嘴不在宝宝的嘴里时亮起，便于在黑暗中寻找。

防护装置可以拆卸，方便进行充分清洁。这个设计在 Avanix 公司与 Desall.com 网站合作设立的国际设计比赛中获得了优胜，其中 Desall.com 网站是一个位于意大利的开放型创新设计平台。

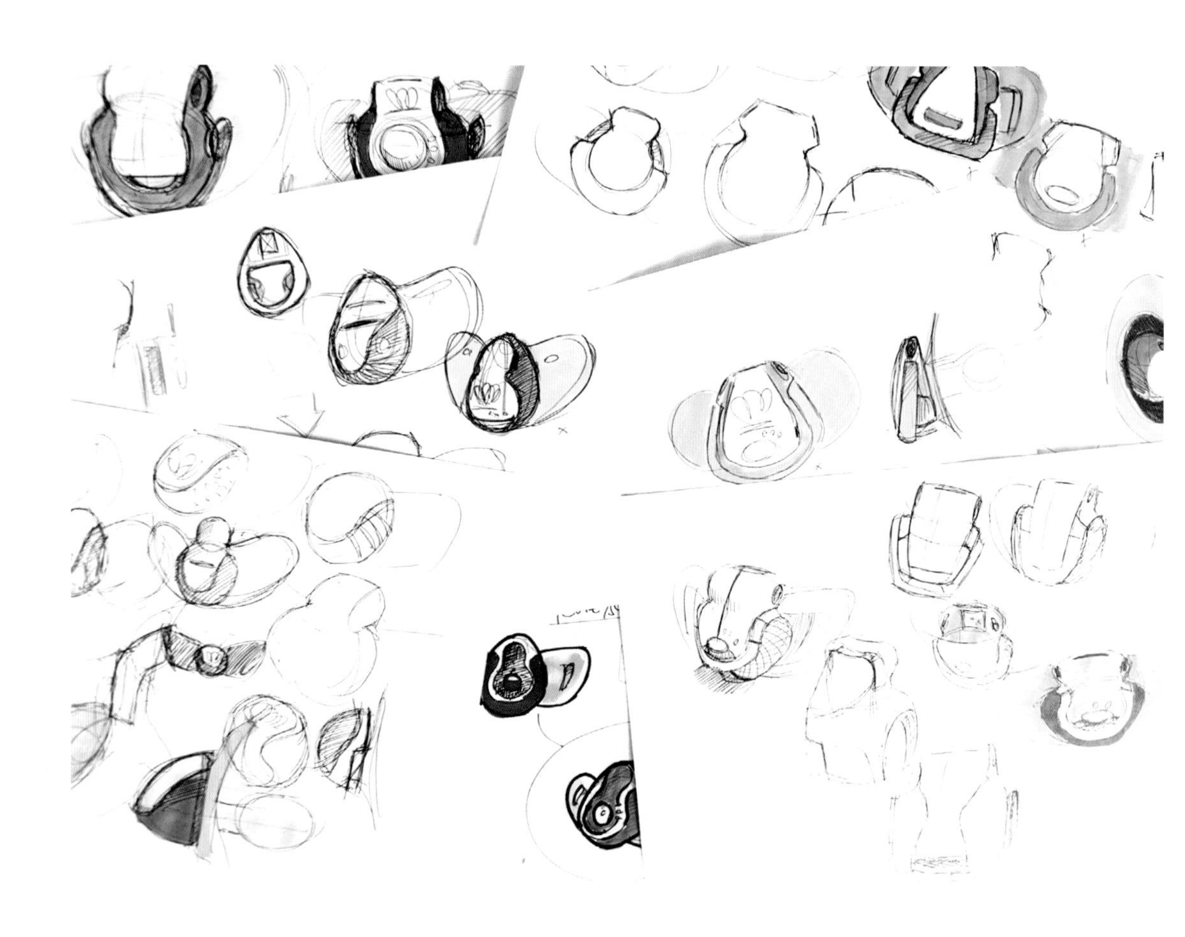

设计师 / David Münscher　**客户** / Avanix srl 公司　**国家** / 德国

AVANIX
AVANIX
AVANIX

婴儿喂养产品

设计机构 / Jedco Product Design 设计公司
销售网站 / http://www.mipibaby.com

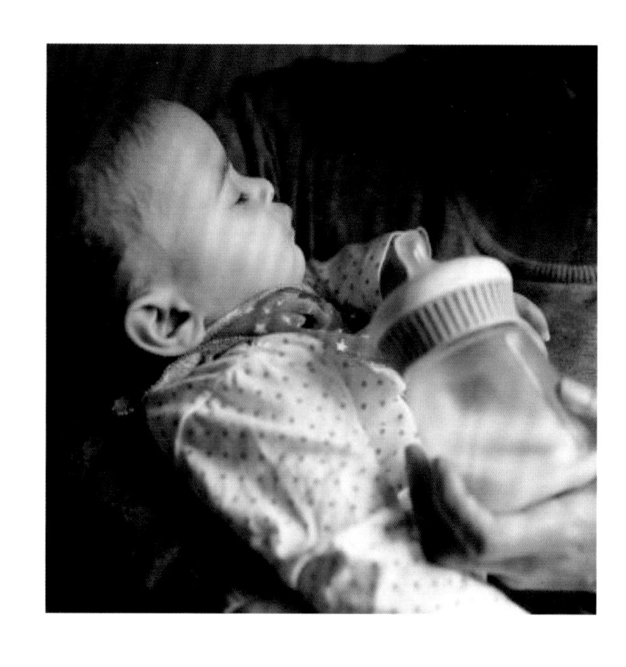

这一系列中的每个部件的设计都经过了单独而详细的设计和开发，旨在打造能够为父母和宝宝提供最佳喂食体验的喂养产品。橡胶奶嘴的设计着眼婴儿的舒适和安全，结合了正畸奶嘴和一个用来帮助通风，减少对宝宝口腔刺激的护罩。奶瓶形状的人体工程学设计适合成人和宝宝的手抓握，不仅有自然的触感，还可以缓解家长喂养和独立喂养之间的过渡。奶嘴的设计包含了通风系统，以降低肠绞痛的风险；造型也模仿妈妈乳房的轮廓，以便起到最大的安抚作用。食盆使用柔软的橡胶模压而成，手感舒适，可以吸附在桌面上。离乳勺子的比例完美，对大人和孩子的手同样适用，确保使用时产生的握力充足，勺子柔软的末端保护孩子敏感的小嘴 —— 对细节的追求提升了这一系列的品质。

创意总监 / Ed Griffiths　**设计师** / Ken Wan　**摄影** / Mipibaby

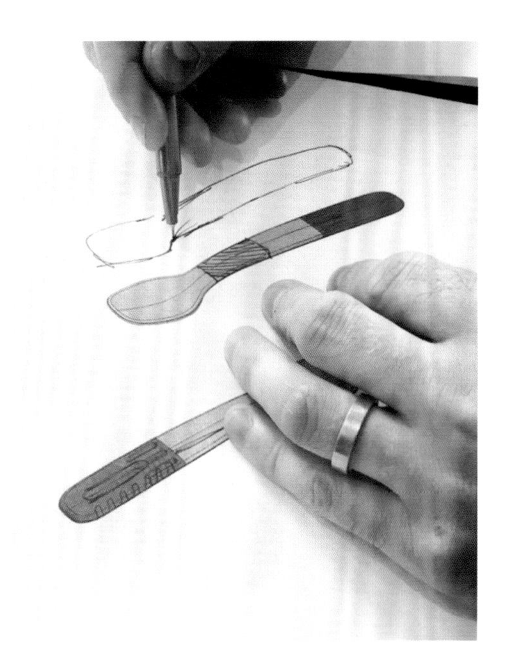

SIPSNAP 鸭嘴杯

设计机构 / Double/Double Inc. 公司
销售网站 / SipSnap.com

本产品的灵感是设计师为一个尿布袋项目进行绘图创作时产生的。SipSnap 的设计旨在简化父母们的生活。SipSnaps 可以把任何杯子都变成防洒杯子。有了这款产品，无须将体积很大的水杯带到餐馆，你只需要携带这个几乎是平的小盖子。这种单件设计意味着使用时无须寻找小零件或寻找与盖子匹配的容器。这样的操作会简单多少呢？Double Double 公司致力于减少其产品对环境的影响。通过将笨重的容器从传统婴儿鸭嘴杯设计中去除，极大减少了用于制作和运输中的材料和燃料消耗。

设计师 / Michelle Ivankovic, Sativa Turner　　**摄影** / Double/Double Inc. 公司

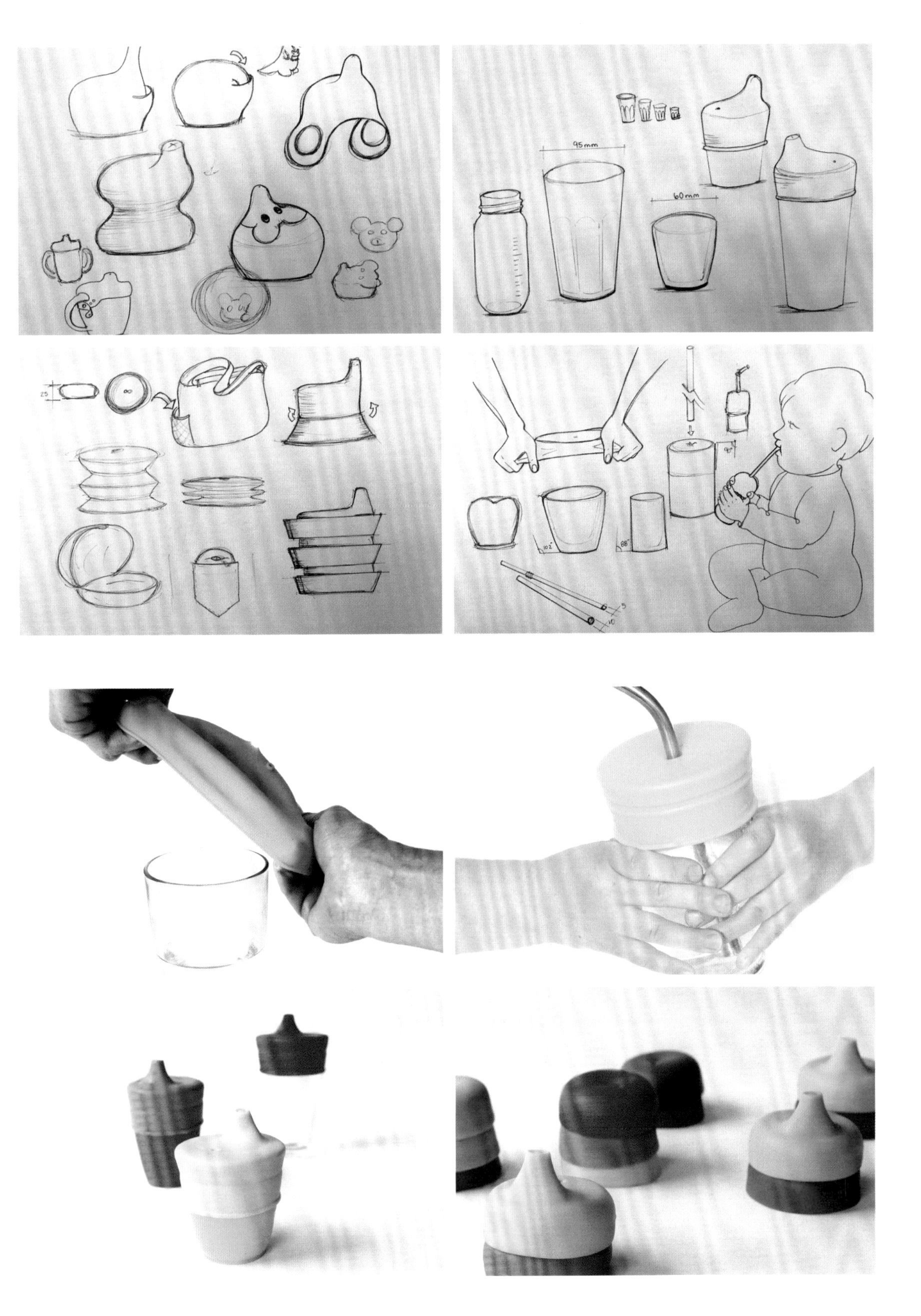

客户 / Boon 品牌　　国家 / 美国　　获奖信息 /2015 红点设计奖

系统便餐系列

设计机构 / Desall 设计平台
销售网站 / https://www.chicco.it

系统便餐系列产品由一套具备不同容量和功能的模块化容器组成，满足孩子成长的不同阶段中的使用要求。系统包含一个 350 毫升的保温容器，一个 280 毫升的有把手容器，方便使用，和一个较小的 180 毫升的容器，可以放入保温容器中。此外还有一个奶粉分装盒和一套旅行餐具；所有的容器都可以堆叠，方便运输。这款设计在 Chicco 公司与 Desall.com 网站合作设立的国际设计比赛中获得一等奖，其中 Desall.com 网站是一个位于意大利的开放型创新设计平台。

设计师 / Andrea Guarrera　　摄影 / Chicco – Artsana 公司　　客户 / Chicco 智高

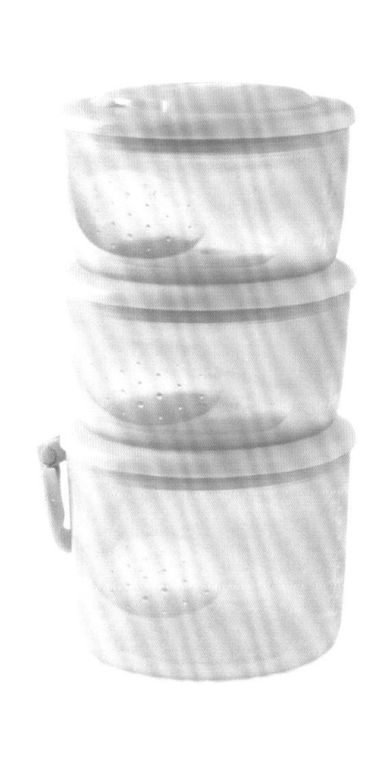

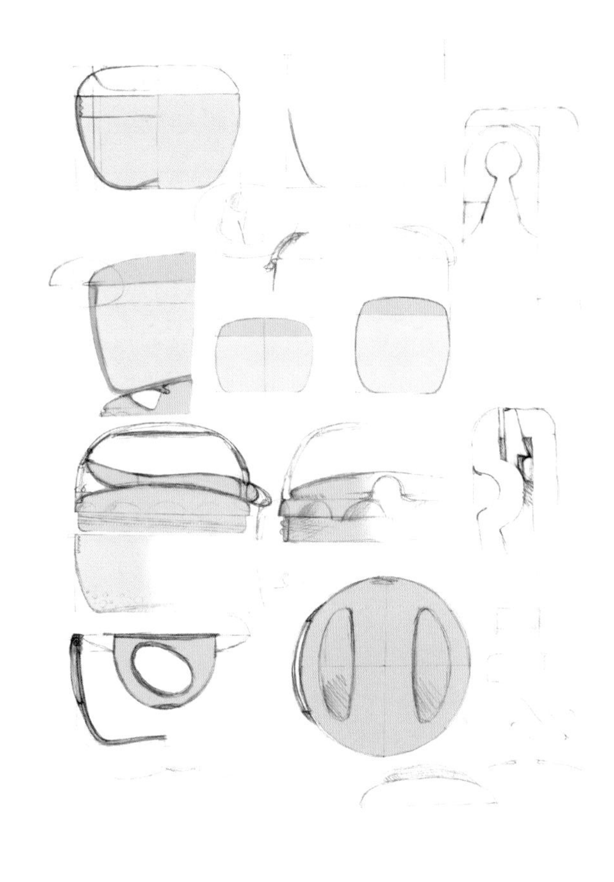

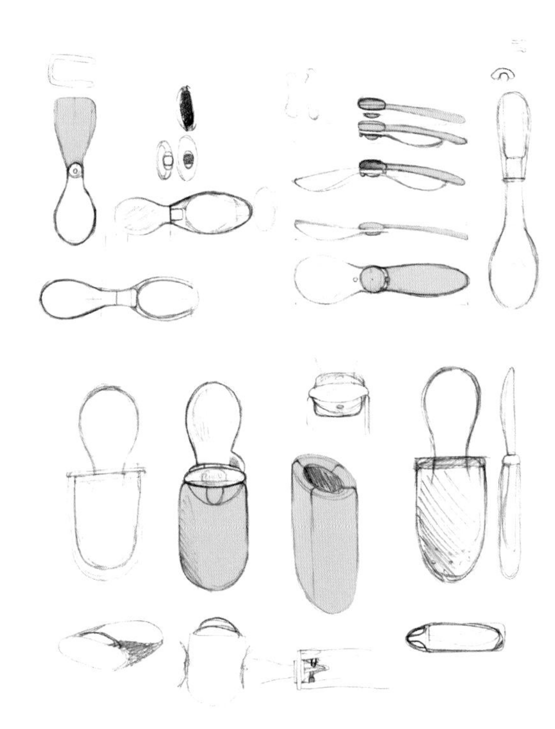

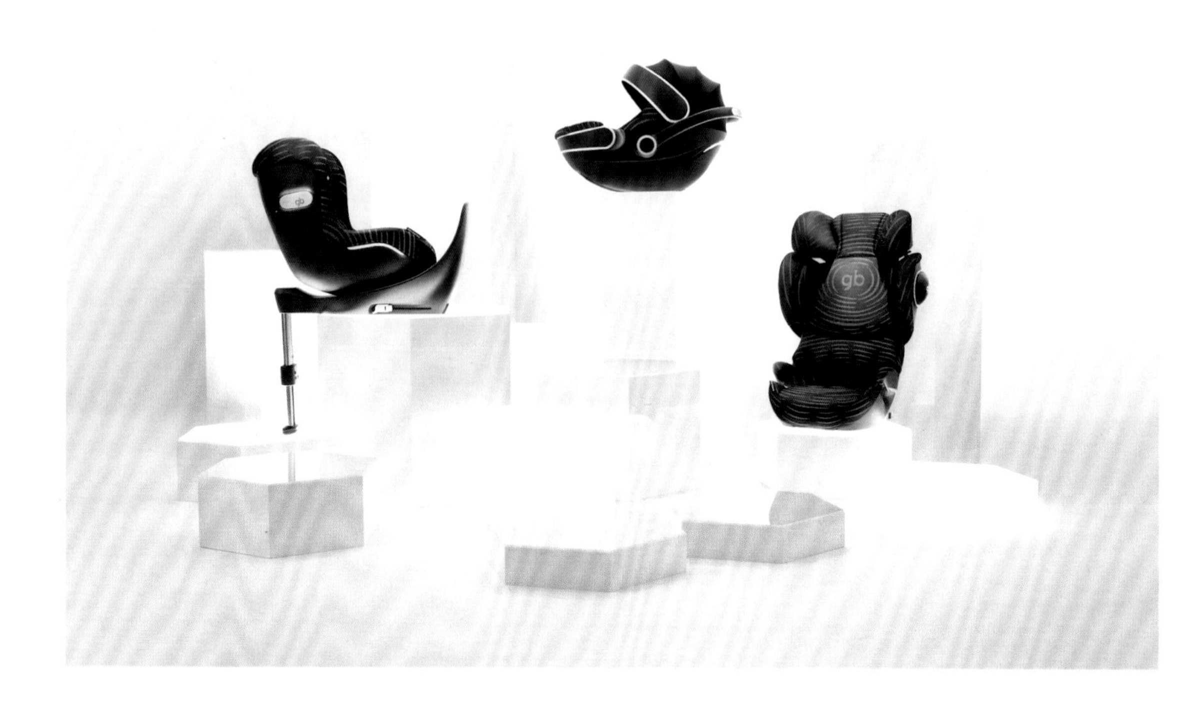

ELIAN-FIX 汽车安全座椅

设计机构 / Koncern 设计工作室
销售网站 / http://gb-online.com/en-en/carseats/elian-fix

这款名为“Elian-Fix”的汽车安全座椅面向的是约 3 岁到 12 岁年龄段的“大”孩子。它把最优秀、最安全的设计元素和功能与最先进的材料及安全研究成果结合在一起，呈现出时尚、前卫的设计。

设计师 / Martin Imrich, Jiri Pribyl　**国家** / 捷克　**客户** / 好孩子（中国）商贸控股有限公司

gb

gb

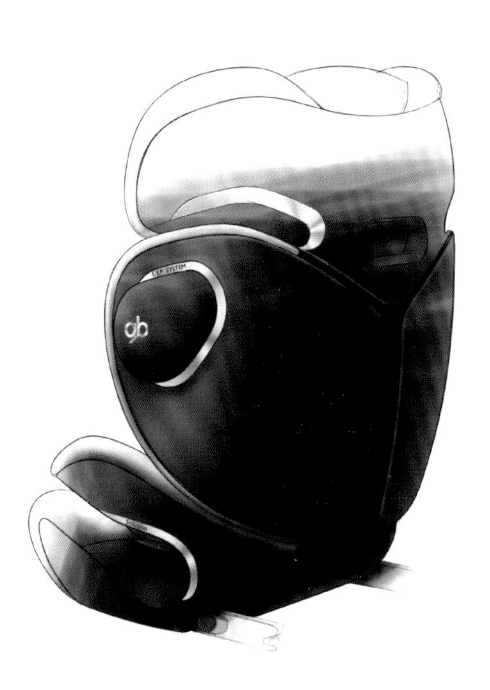
gb

gb

IDAN 婴儿汽车座椅

设计机构 / Koncern 设计工作室
销售网站 / http://gb-online.com/en-en/carseats/idan/

好孩子 IDAN 婴儿汽车座椅是最高品质和安全标准与清洁、美观设计的完美结合。线性侧冲击保护功能和吸能外壳都可在事故中提供最大限度的保护。全德汽车俱乐部 ADAC 和 UAMT 测试系统强烈推荐。

设计师 / Martin Imrich, Jiri Pribyl　**国家** / 捷克　**客户** / 好孩子（中国）商贸控股有限公司

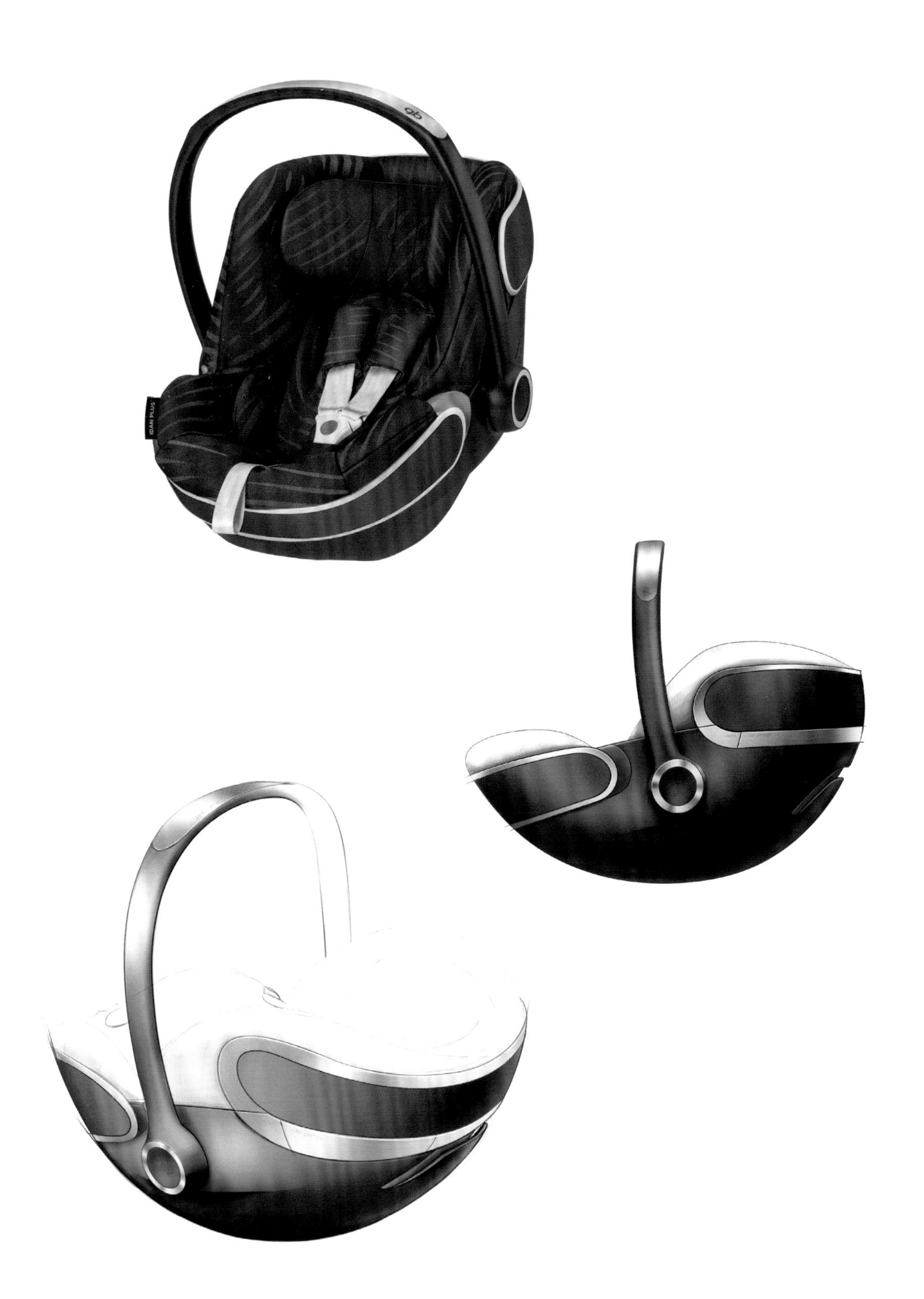

VAYA-I-SIZE 儿童安全座椅

设计机构 / Koncern 设计工作室
销售网站 / http://gb-online.com/en-en/carseats/vaya-i-size/

Vaya-i-Size 儿童安全座椅结合了简洁的“未来完美”设计，顶级安全技术和一系列方便父母使用的特性。座椅配备了可以 360°旋转的机械装置，使得改变座椅的前后朝向十分便捷，同时可以为身高不超过 105 厘米（约 4 岁）的儿童提供舒适的乘坐体验。

设计师 / Martin Imrich, Jiri Pribyl　**国家** / 捷克　**客户** / 好孩子（中国）商贸控股有限公司

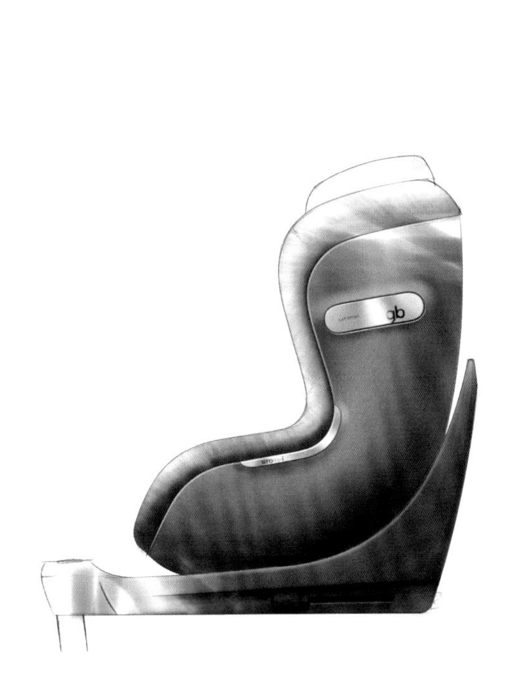

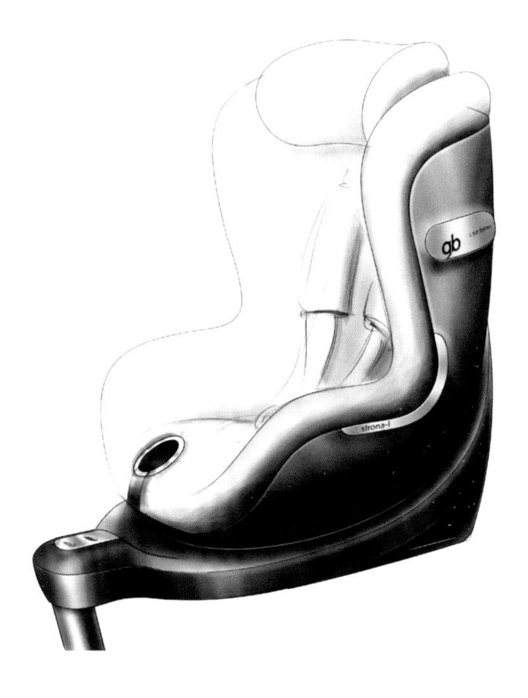

获奖信息 /2017 红点设计奖，2018 德国国家设计奖

POCKIT 童车

设计机构 / 好孩子儿童用品有限公司
销售网站 / http://gb-online.com/en-en/strollers/pockit/

凭借卓越的创新设计，这款 Pockit 童车可以折叠成 30×18×35 厘米的尺寸，是目前市场上最小，最紧凑的童车。它所采用的精巧、紧凑的 2×2D 折叠技术，意味着只需要两个步骤就可以将童车变成一个体积小且极轻的手包形状（4.8 千克），出行时使用方便，不用时容易收纳。Pockit 童车是精力旺盛的父母们带着孩子在城市中旅行和探索的好帮手。Pockit 童车从推行到搬运的转换功能可以在几秒钟内完成，因而是乘火车和飞机旅行或去最喜欢的咖啡馆小坐的理想选择。

设计师 / Martin Imrich, Jiri Pribyl　**国家** / 捷克　**客户** / 好孩子（中国）商贸控股有限公司

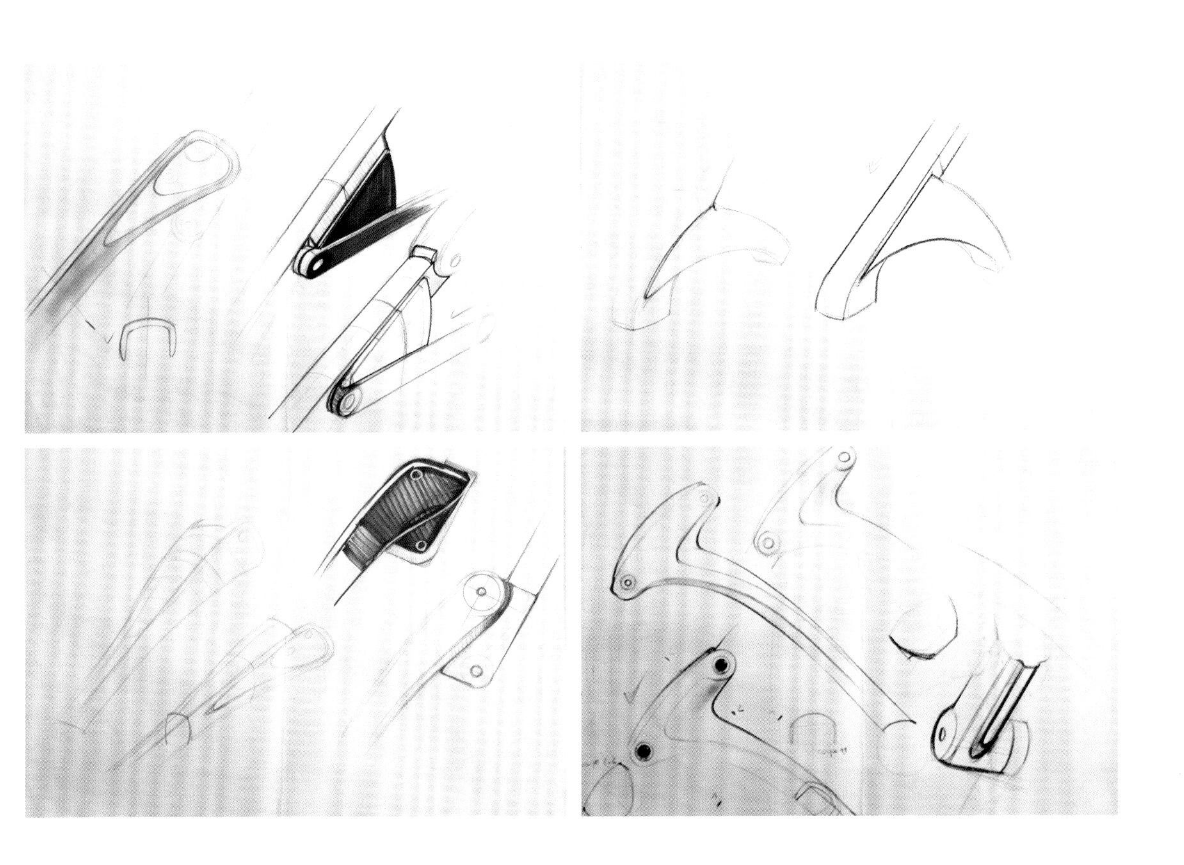

MELODY 婴儿手推车

设计机构 / 好孩子儿童用品有限公司
销售网站 / https://goodbaby.tmall.com

Melody“梅洛迪”是第一款能够通过蓝牙连接到互联网的婴儿手推车。采用的 DML 全频技术让声音可以以平面波传播，保持高保真度，这样坐在推车里面的宝宝即使不在家，也可以收听高质量的音乐或故事。

创意总监 / Vincent Wang　设计师 / Liu Feng　客户 / 好孩子（中国）商贸控股有限公司

启蒙故事
天籁之音
蓝牙互联
早教益智

杰里米·斯科特“天使”系列婴儿推车

设计机构 / CYBEX 有限责任公司
销售网站 / http://www.cybexchina.com

以彻底挑战传统而闻名的美国设计师杰里米·斯科特打破时尚界的设计习惯，创作出具有奢华视觉感受同时兼具实用性的艺术品。作为 Moschino 品牌的创意总监，杰里米与 CYBEX 品牌进行了第二次合作，将高端时尚带入育儿生活中。

创意总监 / Jeremy Scott　　**设计师** / Jeremy Scott　　**国家** / 德国

NOVA 三轮婴儿车

reddot award 2017
winner

设计机构 / 巴黎 eliumstudio 事务所
销售网站 / www.bebeconfort.com

NOVA 三轮婴儿车是 eliumstudio 设计工作室的一个创意产品，配备了独特的免手动折叠系统。踩动踏板几秒钟后，车子会自动折叠。设计师的目标打造一台简洁、平衡性能好，高质量的婴儿车，取代以往的复杂操作。

创意总监 / Pierre Garner　**设计师** / Thibaut Barbedette　**摄影** / Dorel

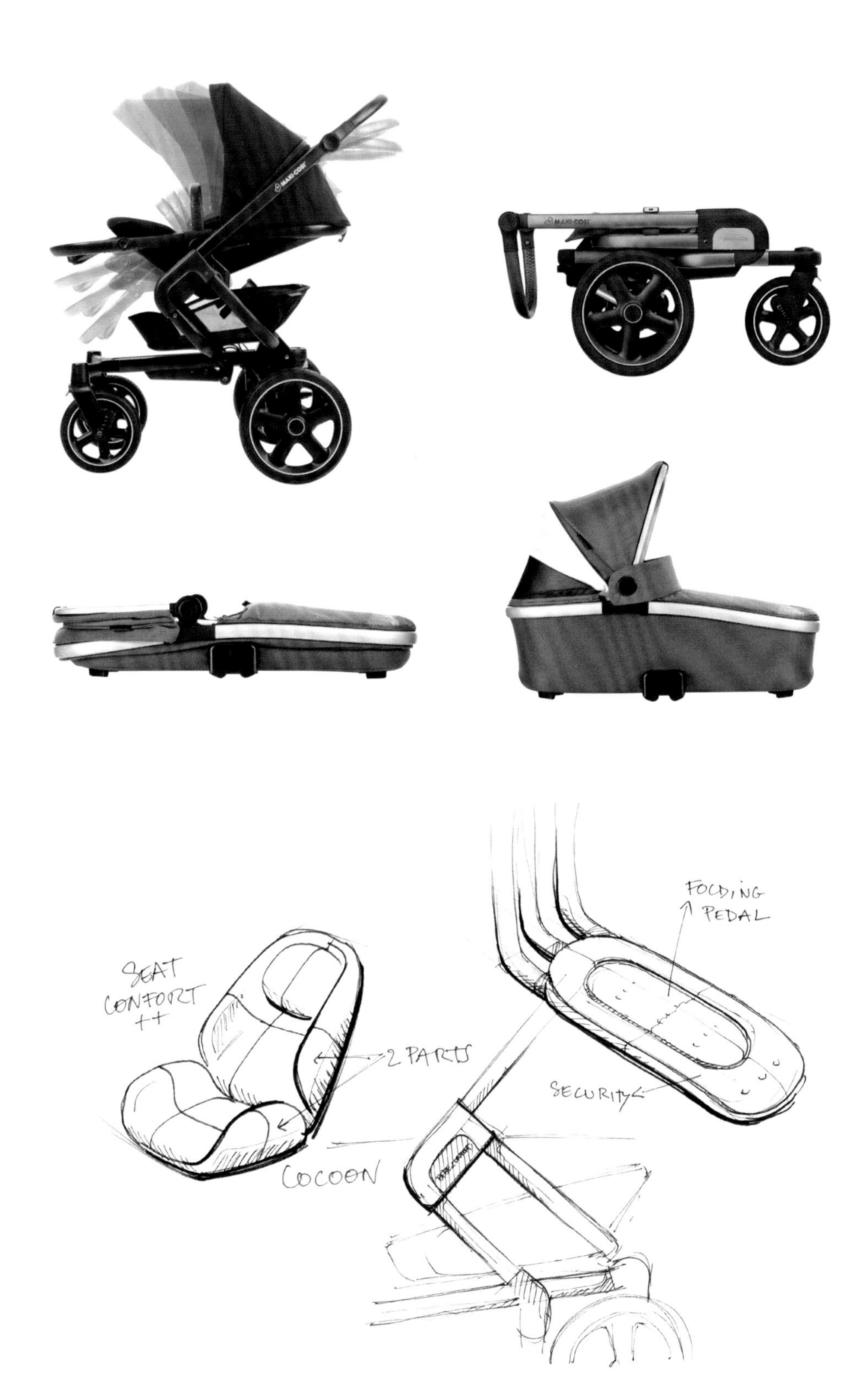
MAXI-COSI
SEAT
CONFORT
++
2 PARTS
COCOON
FOLDING
PEDAL
SECURITY

TURNADO 漂移车

设计机构 / 百瑞康儿童用品有限公司
销售网站 / https://rollplay.tmall.com

Turnado 漂移车开创了儿童电子车玩具行业的一个新类别。令人印象深刻的锤头鲨仿生学外观设计搭配高性能电动机，速度可达 16～19 千米/小时。由于它没有延时制动系统，使用者可以体验刺激的漂移效应。

创意总监 / Kim Zhao　**设计师** / Gilbert Ng　**国家** / 中国

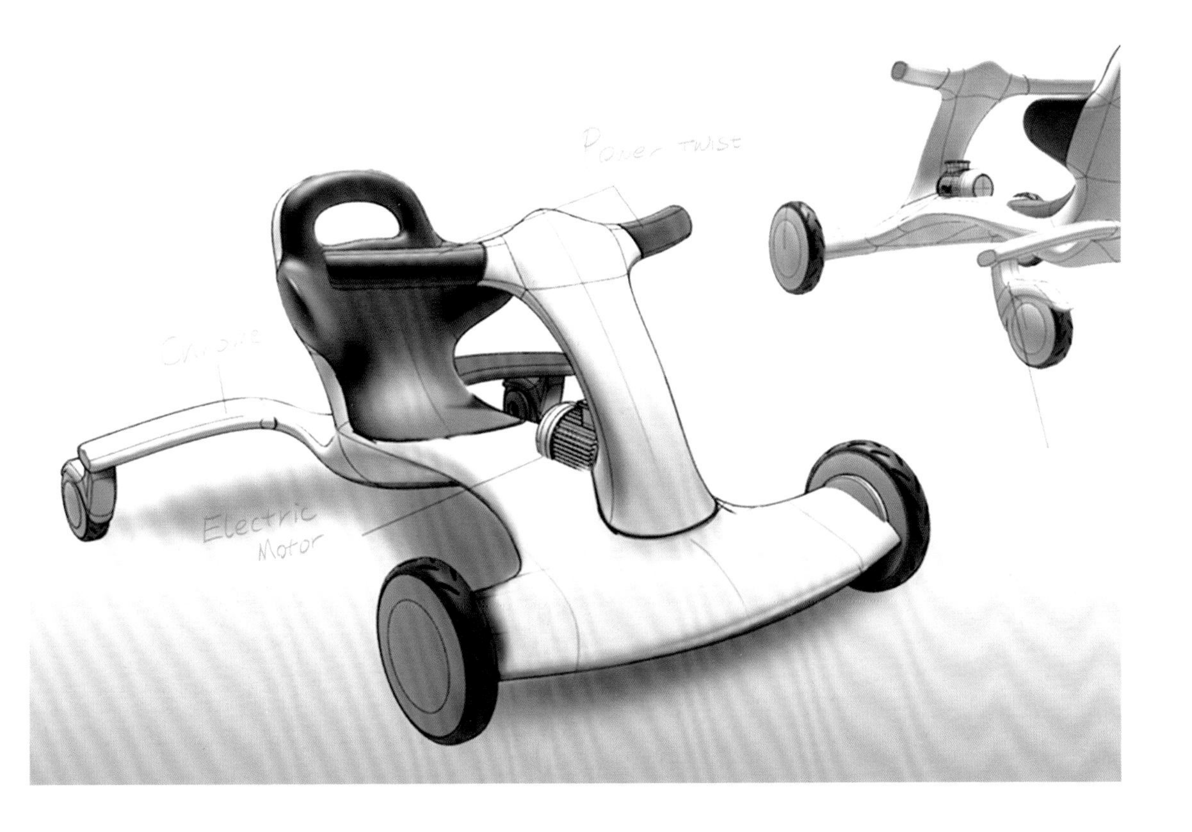

客户 / 好孩子（中国）商贸控股有限公司　　**获奖信息** / 中国专利优秀设计奖

智高 RIDE ON 滑行玩具

设计机构 / Desall 设计平台

reddot award 2015
winner

Chicco Ride On 的设计旨在安全跟随 1 ～ 4 岁儿童心理运动技能的快速发展，适应成长中的孩子们的需要。该项目最初是参加 www.desall.com 网站为其客户 Chicco 开展的 “骑行吧宝贝”的主题竞赛而开发的，获得了特别提名奖，随后提交给“红点奖设计概念 2015”并获得了移动类“红点奖”。

进化的概念源于在幼年快速成长的过程中，家长为孩子购买各种类型车辆的需求；从汽车、学步车、滑步车到不同类型的其他骑行工具。设计师最初的想法就是设计一个整合这些产品的主要功能，适应成长中孩子的变化需求，为父母的单项投资创造更多价值，更好地利用家里的空间，并且提升交通便利行的多功能玩具。

该设计试图打造一个兼具安全与便捷的结构，在此基础上进行功能的转换。它所代表的角色在孩子们的活动中充当他们的玩伴，与他们一起成长，通过操作手柄旋转启动的彩灯和音效与他们进行互动。

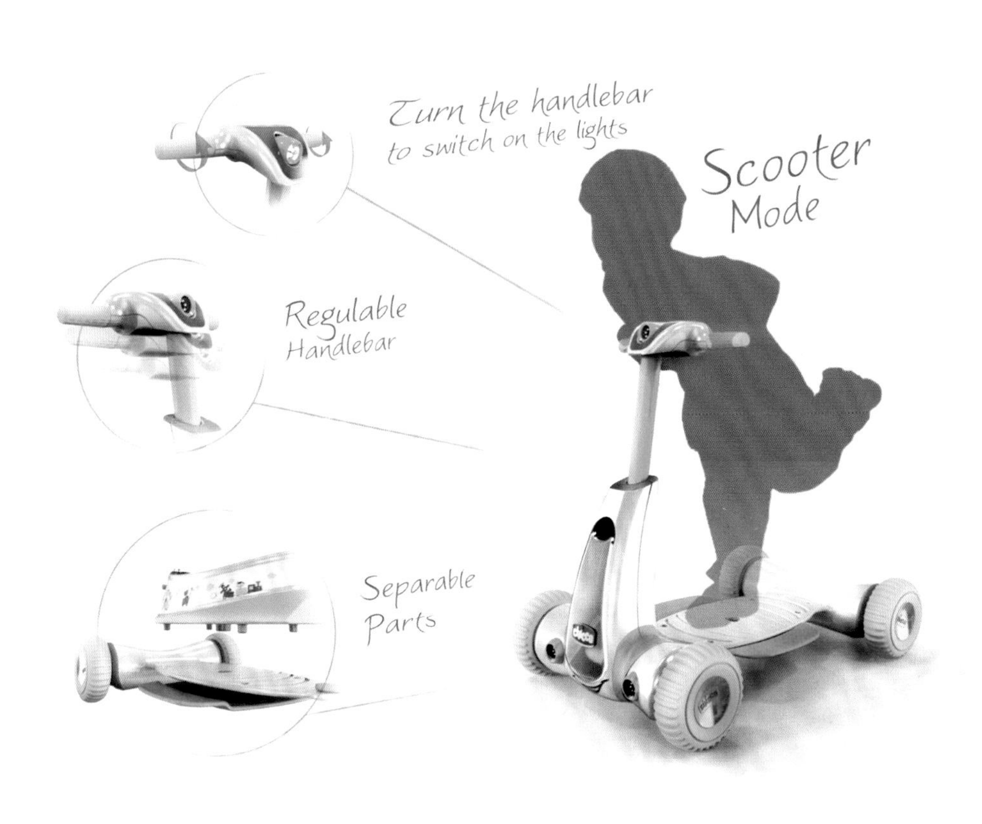
Turn the handlebar
to switch on the lights
Scooter
Mode
Regulable
Handlebar
Separable
Parts

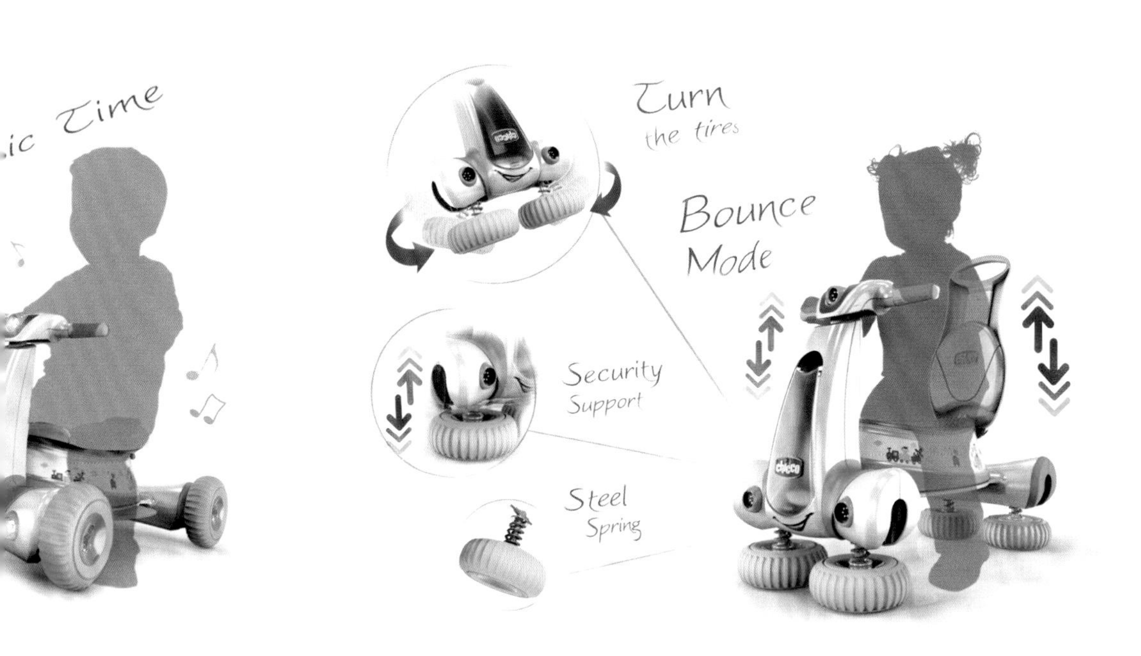
Turn
the tires
Bounce
Mode
Security
Support
Steel
Spring

WOODY 三轮车

设计师 / Gustavo Martini
销售网站 / www.gustavomartini.com

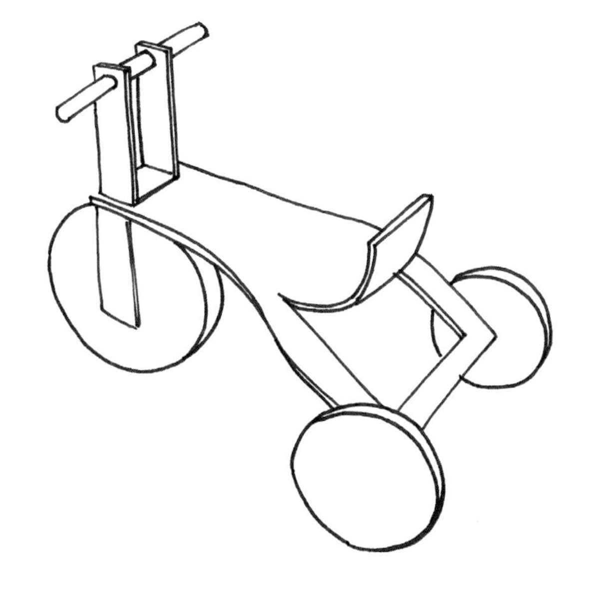

这款三轮车的设计目的是帮助 1 ～ 3 岁的儿童发展他们的运动协调技能。它的独特之处在于构造简单，座椅与框架是一个整体。值得一提的是车叉和车把的标准化生产最终减少了产品加工中的模板数量，使得生产效率更高。产品细节和木工工艺赋予三轮车流畅优美的外观，使它从传统玩具中脱颖而出。其经典外观将这款三轮车变成了一件值得代代相传的物品。

摄影 / Gabriel Klein　**国家** / 巴西　**获奖信息** / 巴西工业设计大奖

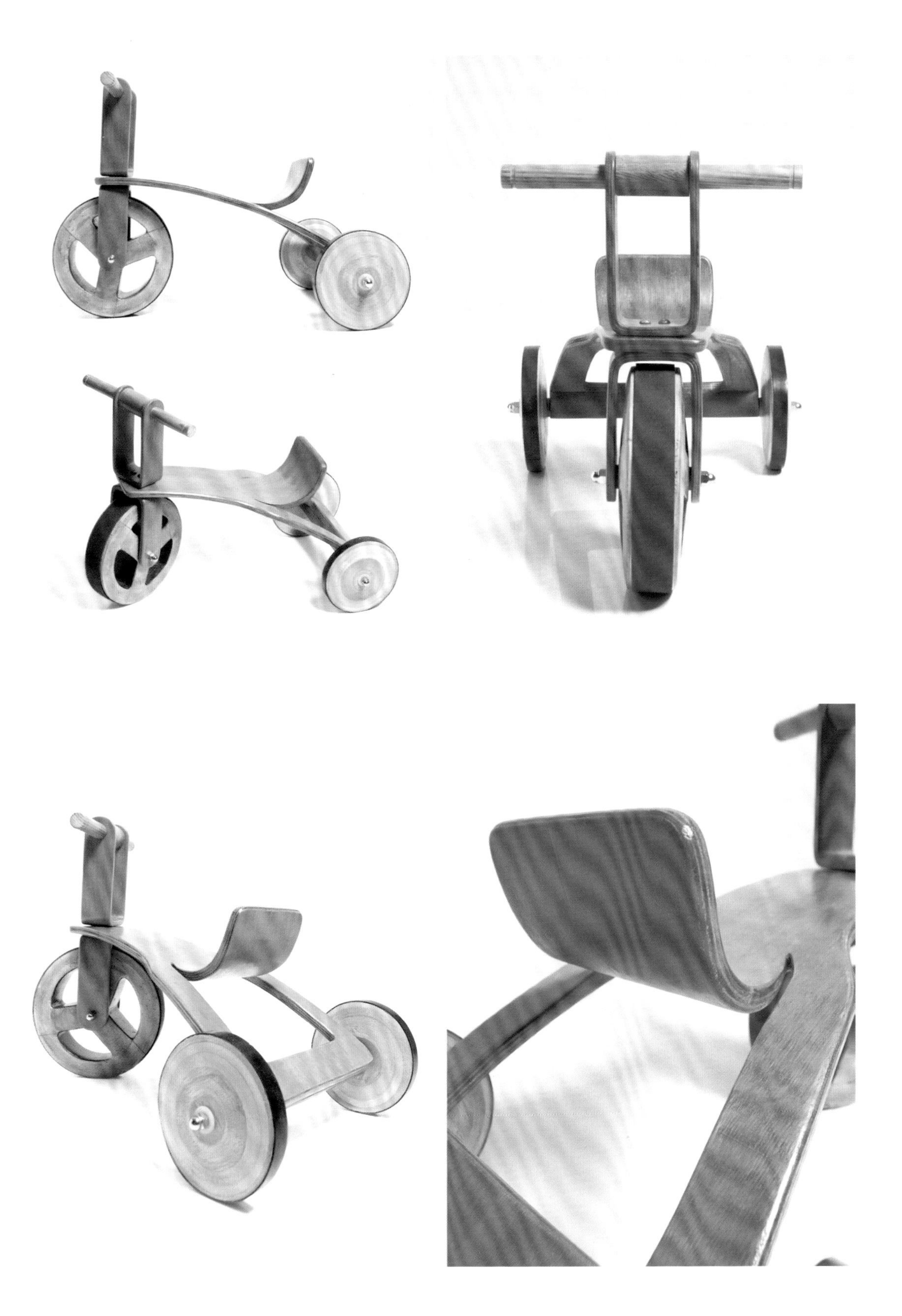

CHOU DU VOLANT 木制摇摆玩具

设计机构 / 劳伦特·兰巴莱设计公司
销售网站 / www.chouduvolant.com

Chou Du Volant 品牌创立于 2016 年，是一个法国玩具新品牌。其设计、制造及销售的可伸缩，可变形木制玩具均在法国制造。模块化的设计概念使得品牌创造出范围广泛的系列玩具：一个摇摆玩具可以进化成骑乘玩具，一台摇摆飞机可以改装成摇摆摩托，骑行小车可以改造成一架骑行飞机，一个摇摆摩托可以改装成一辆赛车等。

创意总监 / Laurent Lamballais　**摄影** / Laurent Lamballais　**国家** / 法国

YEMA 婴儿背带

设计机构 / CYBEX 有限责任公司
销售网站 / http://www.cybexchina.com

YEMA 品牌的这个背带系列灵感来自国际时装设计师的美丽作品，不仅在功能层面制定了新的标准，而且有强大吸引力的同时，其隐藏功能将注意力转移到设计上。YEMA 的这项设计在母亲和孩子之间创造了完美的纽带，鼓励密切的联系和深厚的安全感，与此同时，提供近乎无限的可移动性。

客户 / 好孩子（中国）商贸控股有限公司　　国家 / 德国

ISARA 婴儿背带

设计师 / Monica Olariu
销售网站 / www.isara.ro

ISARA SSC 婴儿背带由一位研究婴儿穿戴装备的顾问设计，是一款开发于 2013 年的可调节型人体工程学婴儿背带。这款符合多维人体工程学的婴儿背带具有很多特色调整设计，增加契合度，提升舒适感和时尚感。

产品有两种尺寸可选，ISARA 高度和长度均可调整，使它适合从婴儿期到学步期的孩子，无需其他配件，只需调整座位和面板即可。背带的主体可以降低或提高。座位的宽度可以根据需要尽可能变窄，完美贴合宝宝身体，纠正宝宝的蛙式坐姿。

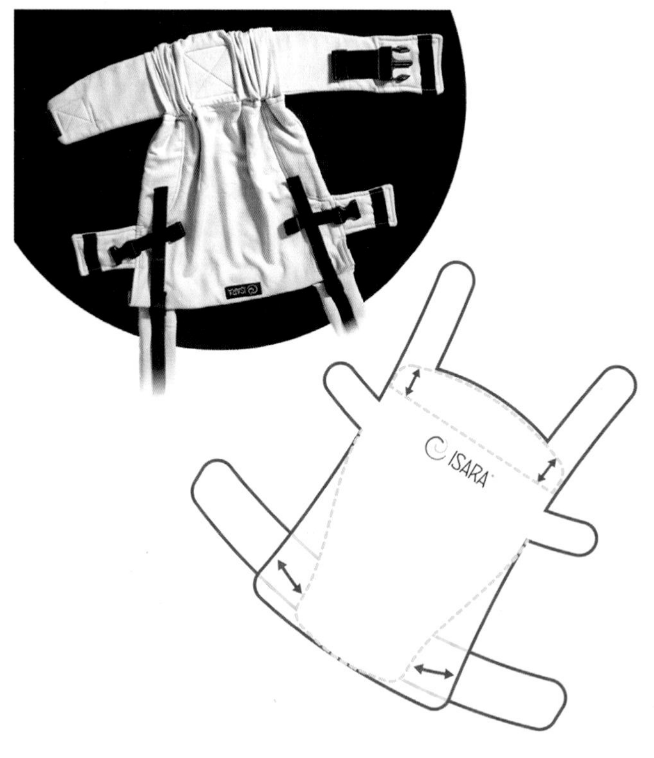

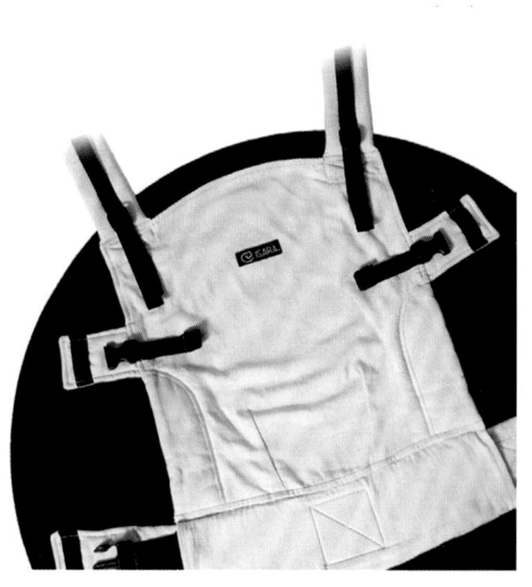

创意总监 / Monica Olariu　**摄影** / Imagia 摄影工作室　**国家** / 罗马尼亚

获奖信息 / 欧洲产品设计大奖，IDA 国际设计奖

ISARA 宝宝冬季穿戴被子

设计师 / Monica Olariu
销售网站 / www.isara.ro

ISARA 宝宝穿戴被子采用最新一代的防风保暖技术与舒适的抓毛内层设计。防风保暖技术常用于攀岩、登山和越野滑雪等专业服装中，是一种防水、防风、触感柔软且透气的材料，可以在恶劣气候下为穿着者提供无与伦比的温暖和保护。这款产品还增加了舒适的抓毛内层，使得穿着体验格外温暖和柔软。ISARA 宝宝冬季穿戴被子不仅非常实用，功能性强，也很时尚！

摄影 / Imagia Foto

国家 / 罗马尼亚

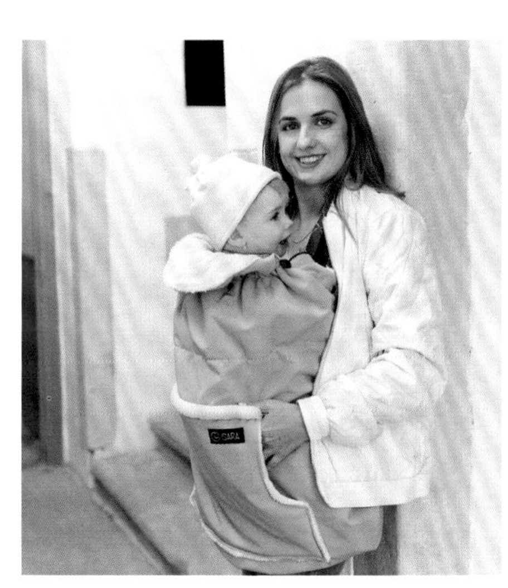
CARA

野餐袋系列

设计师 / 金牖珍、徐英轸
销售网站 / http://play-jello.com

Play Jello 的“野餐袋系列”产品也被称为“尿布背包”，可以让蹒跚学步的孩子携带自己的尿布。这个袋子的防水层设计使它的表面污垢更容易清理，用湿巾就可以擦干净。拉上肩带，孩子们就可以使用这个轻便的袋子。（本产品还附带了防走失装置）。

创意总监 / 金牖珍　　**摄影** / 姜大雄　　**国家** / 韩国

Picnic Bag. (Capsule collection)
PLAY
JELLO.®
ART & BABY LIFESTYLE.

PRECIOUS MOMENTS
PLAY JELLO.

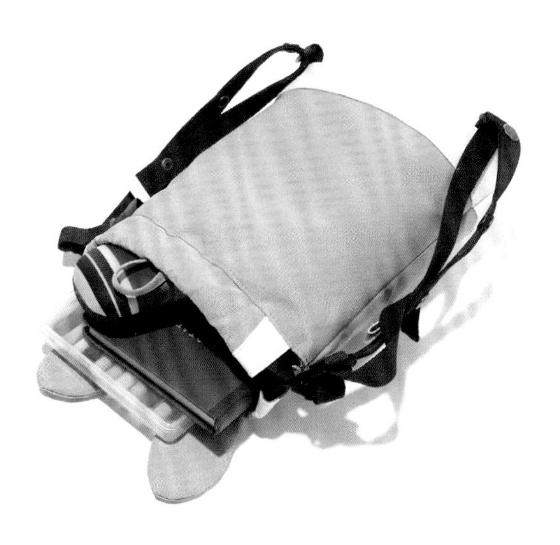

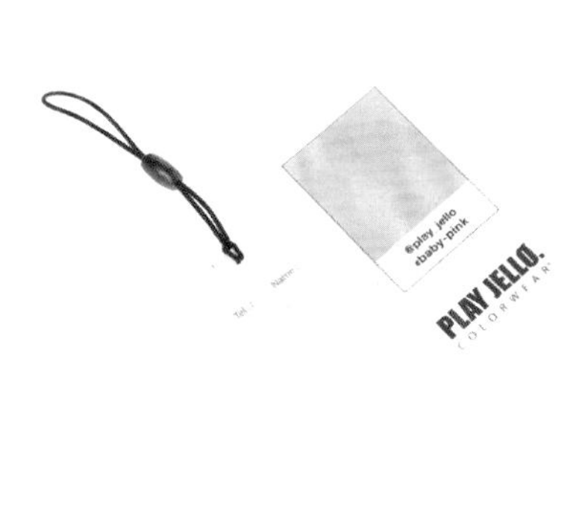
PLAY JELLO.

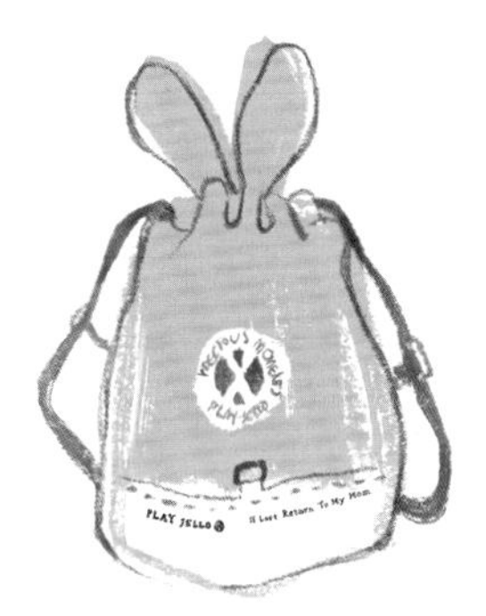

餐袋系列

设计师 / 金牖珍、 徐英轸
销售网站 / http://play-jello.com

这是一款儿童斜挎包，是对 Play Jello 品牌标志性设计的重新诠释，外观就像一只躲在袋子里面的小兔子。袋子使用的主要材料“效应绒毛”是一种质地柔软、舒适的超轻材料，很受孩子们喜欢，同时还能防水。袋内还包括了一个围嘴，作为一个选项，体现了一种感觉智慧与实用并重的理念。

创意总监 / 金牖珍　**摄影** / 姜大雄　**国家** / 韩国

蜡笔裤子

设计师 / 金牖珍、徐英轸
销售网站 / http://play-jello.com

为了让孩子们一年四季都能穿这款蜡笔裤子，设计师使用了较轻布料。还在裤子的臀部位置印上了兔子耳朵，也对品牌的独特配色进行了强化。孩子们穿着这款裤子，走起路来，就有两只可爱的兔子跟在后面，十分有趣。

　创意总监 / 金牖珍　**摄影** / 姜大雄　**国家** / 韩国

1/2 waist
back rise
front rise
back rise depth
thigh
front rise depth
knee
ankle
roll up
* Capsule collection
color name tag
@play_jello
#spring-green
@play_jello
#golden-orange
@play_jello
#midnight-blue
@play_jello
#tan
@play_jello
#gray
@play_jello
#yellow
@play_jello
#lime
@play_jello
#turquois-blue
@play_jello
#baby-pink
@play_jello
#red
CRAYON PANTS FOR PRECIOUS MOMENTS.
Cotton 95%
Spandex 5%
color inspired by PANTONE
PLAY JELLO.
RABBIT EAR + Display

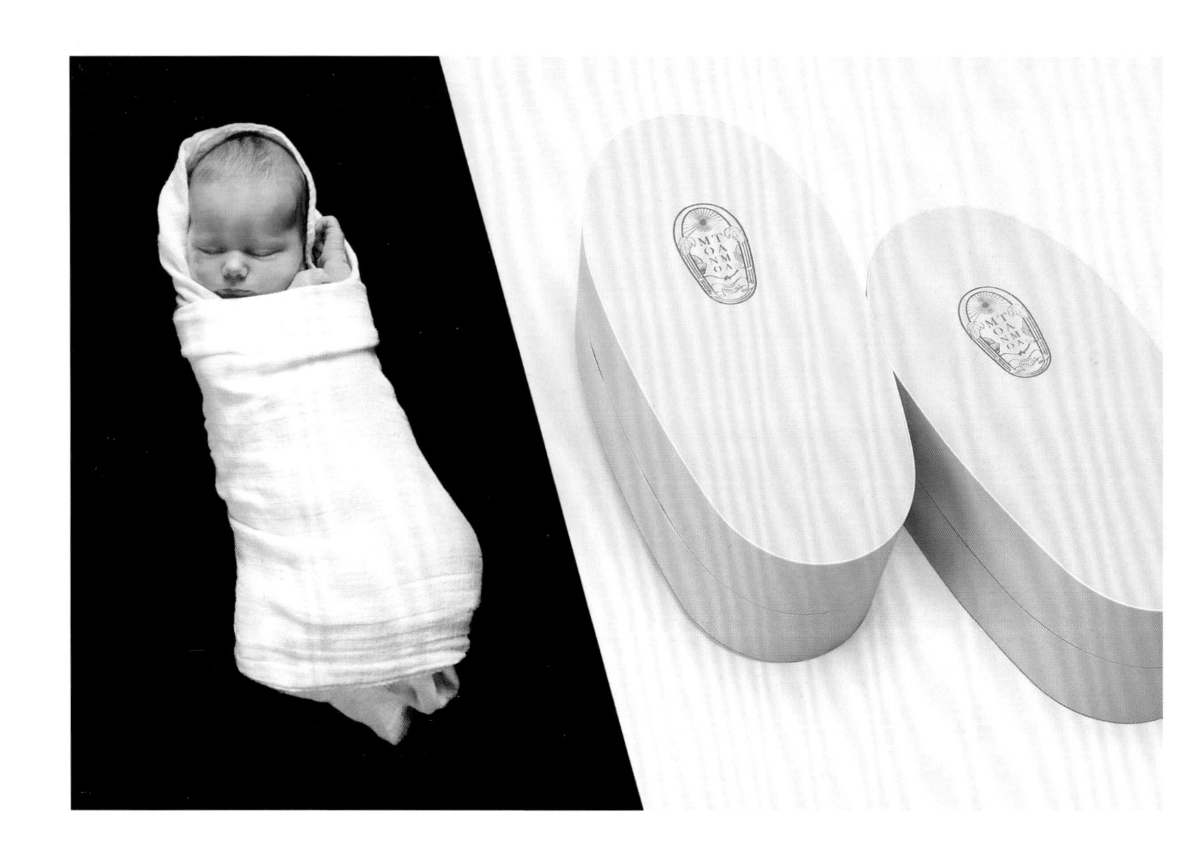

TAMAMONO 高端礼盒

设计机构 / KEIKO AKATSUKA 设计事务所
销售网站 / www.tamamono.co.jp

品牌的主题颜色使用的是柔和的亚光粉色，构成特别的女性荷尔蒙的图像。由于这是一款属于礼品类别的奢侈品，采用日本技术制作精致的盒子。怀抱这个很像婴儿襁褓的盒子，很容易联想到妈妈抱着婴儿的样子。设计结合了品牌柔嫩细腻的材质和国际化配色，呈现极具吸引力的日本特色。

设计师 / Keiko Akatsuka　**摄影** / Daisuke Takagi　**国家** / 日本

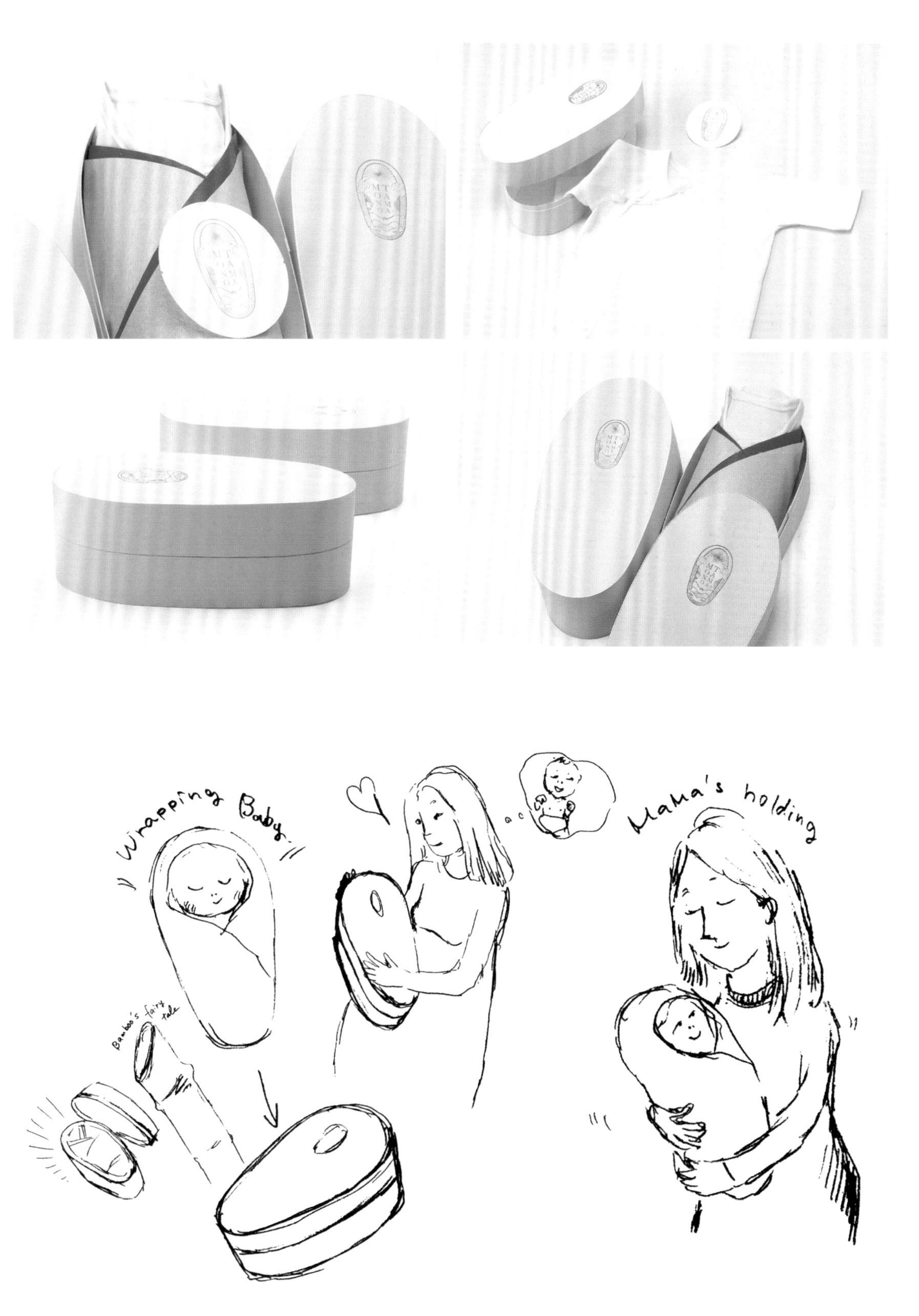
Wrapping Baby
Mama's holding
Bamboo's fairy tale

TRAVEN 儿童家具

设计机构 / Christian Vivanco, Nido Muebles
销售网站 / http://www.christianvivanco.com/traven-1/

这是一套为孩子和父母设计的家具，由一把扶手椅，一把凳子和一个玩具盒组成。每个单元都配备了使用说明，详细介绍了包括设计、材料选择和按需改装的各种因素。Traven（特雷文）系列产品以重视使用一件家具进行游戏的重要性而闻名；体积和简单的形状可以组合出不同的场景，孩子们可以利用每件家具创造出不同的使用体验。

克里斯蒂安•维凡科 (Christian Vivanco) 与品牌一起为这一点而努力，鼓励孩子们将每件家具打造出一次不同体验。该品牌希望成为这种体验、游戏、学习和休闲中的一部分，成为他们童年的一部分。

客户 / Santiago Barreiro，Christian Vivanco

国家 / 墨西哥

储物小猪

设计师 / Marcel Wanders
销售网站 / http://marcelwanders.cybex-online.com

让这个可爱的伙伴 —— 储物小猪 —— 陪伴你的孩子进入一个童话世界吧！

它可以作为一处额外的存储空间，适合各个年龄人群。只要取下小猪的鼻子，就可以把玩具或游戏放入内部。另有光滑的黑色亚光外观可选。无论在任何家庭，这只可爱的小猪都是一个迷人又时尚的家居选择。

客户 / 好孩子（中国）商贸控股有限公司

国家 / 荷兰

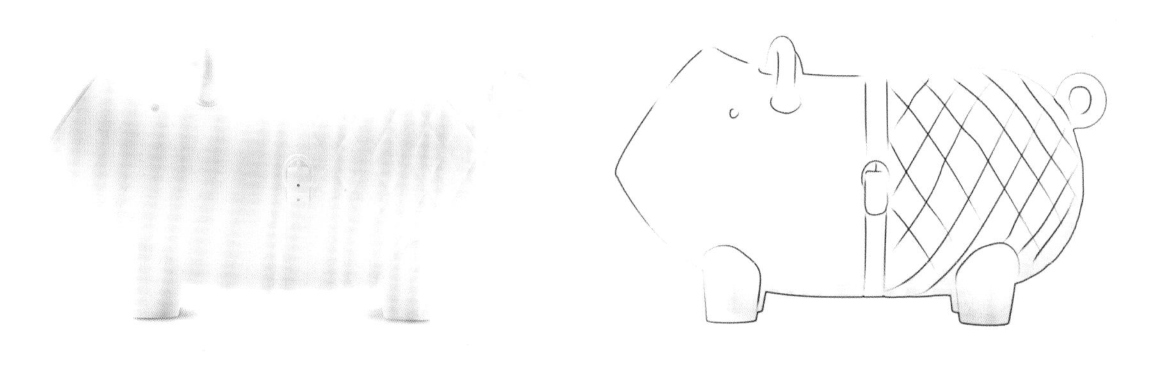

LATE REMBRANDT
Edward van Vliet
Tord Boontje

“我的屋檐下”托盘

设计机构 / HChristian Vivanco 设计工作室
销售网站 / http://www.christianvivanco.com/

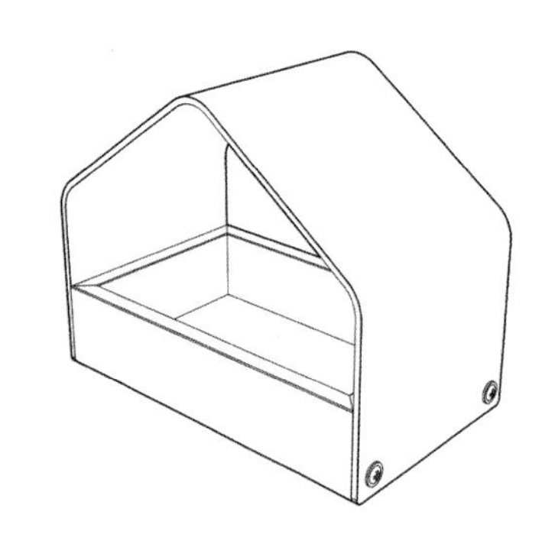

这是一款为有其心爱之物的孩子、成年人乃至每个人而设计的托盘。

设计灵感来自大西洋两岸都十分常见的红色斜屋顶传统村舍，在此，它演变成了用于小物品整理和储存的玩具屋，特别适合家庭、办公室、课桌、儿童房等环境。“我的屋檐下”是一个利用建筑元素反映不同功能的托盘，寻找新的不仅仅是功能性的，还有情感方面的价值。这样你最喜欢的日常用品都有了属于自己的温馨的家。

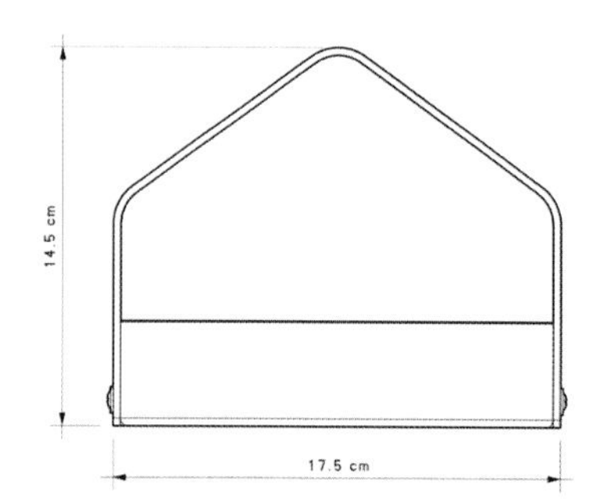

创意总监 / Carina Hemmings　设计师 / J.C. Ponsa　客户 / xo-inmyroom

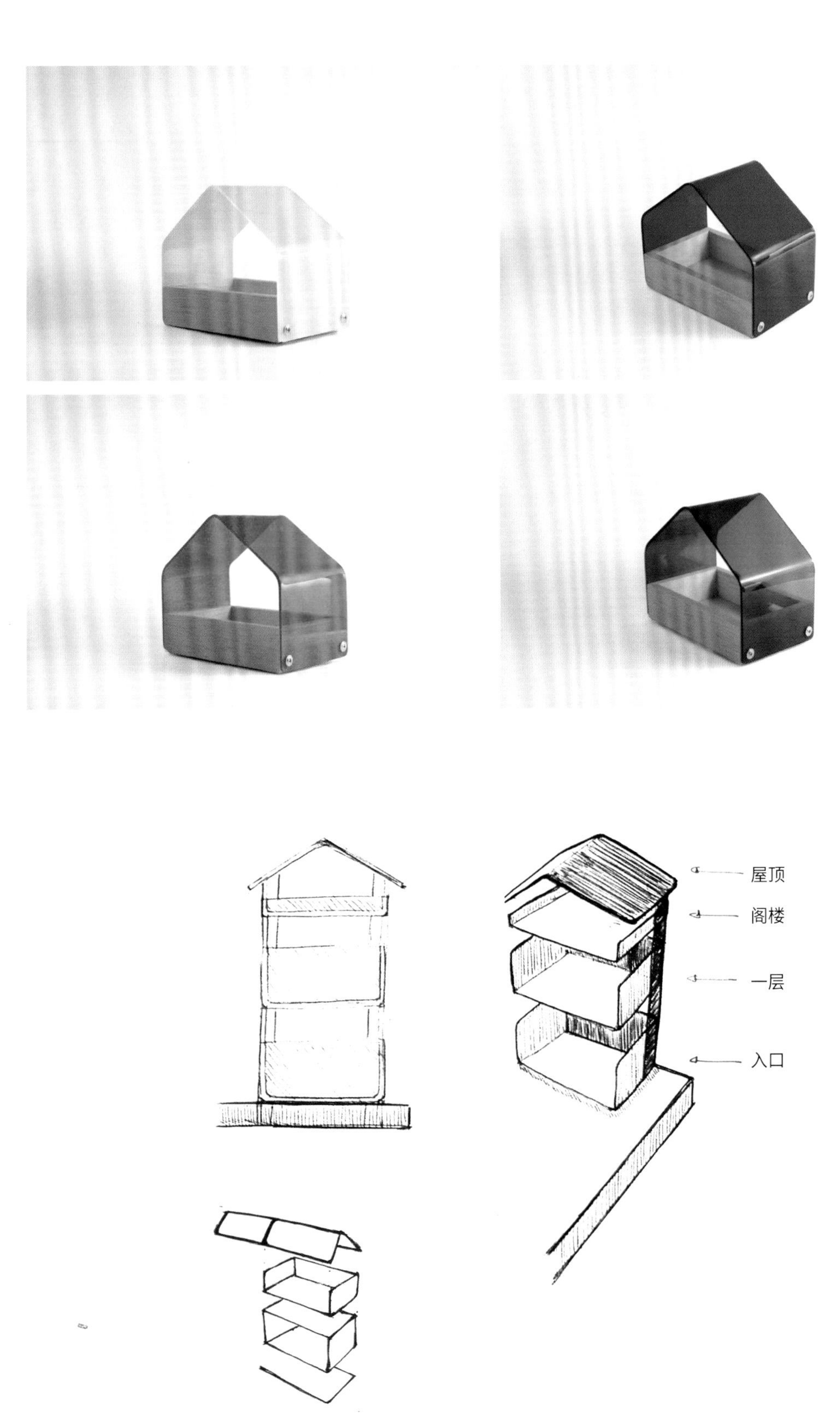
屋顶
阁楼
一层
入口

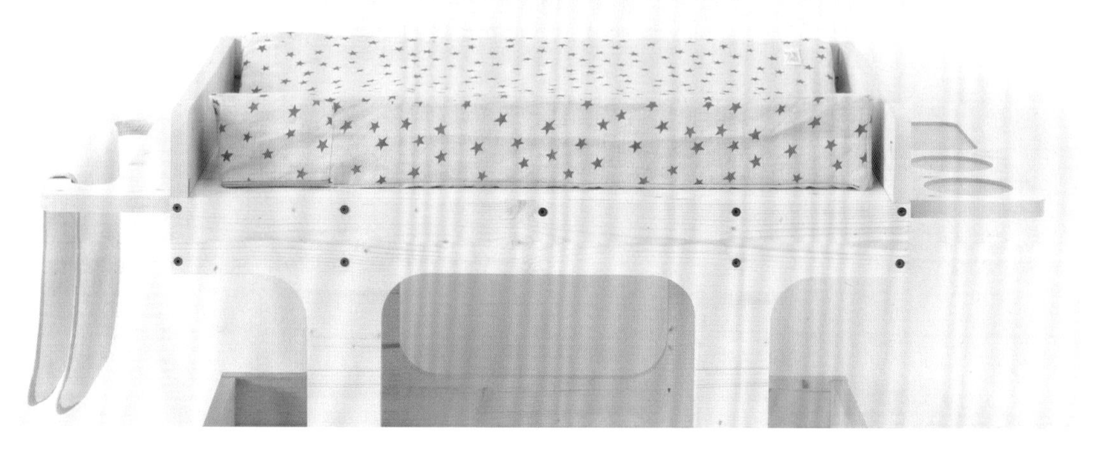

SCOUT 尿布台

设计机构 / xo-inmyroom
销售网站 / http://shop.xo-inmyroom.com/

使用这款尿布台设计，给孩子换衣服、穿衣服所需要的一切物品尽在手边。无需打开和关闭抽屉，将物品放置在托盘上，从四个方向取用都很方便。同时，产品还包含一个毛巾架和一个侧面托盘，为护肤乳、杯子等留出空间。这款产品可以定制多种不同颜色。

创意总监 / Carina Hemmings　**设计师** / J.C. Ponsa　**客户** / xo-inmyroom

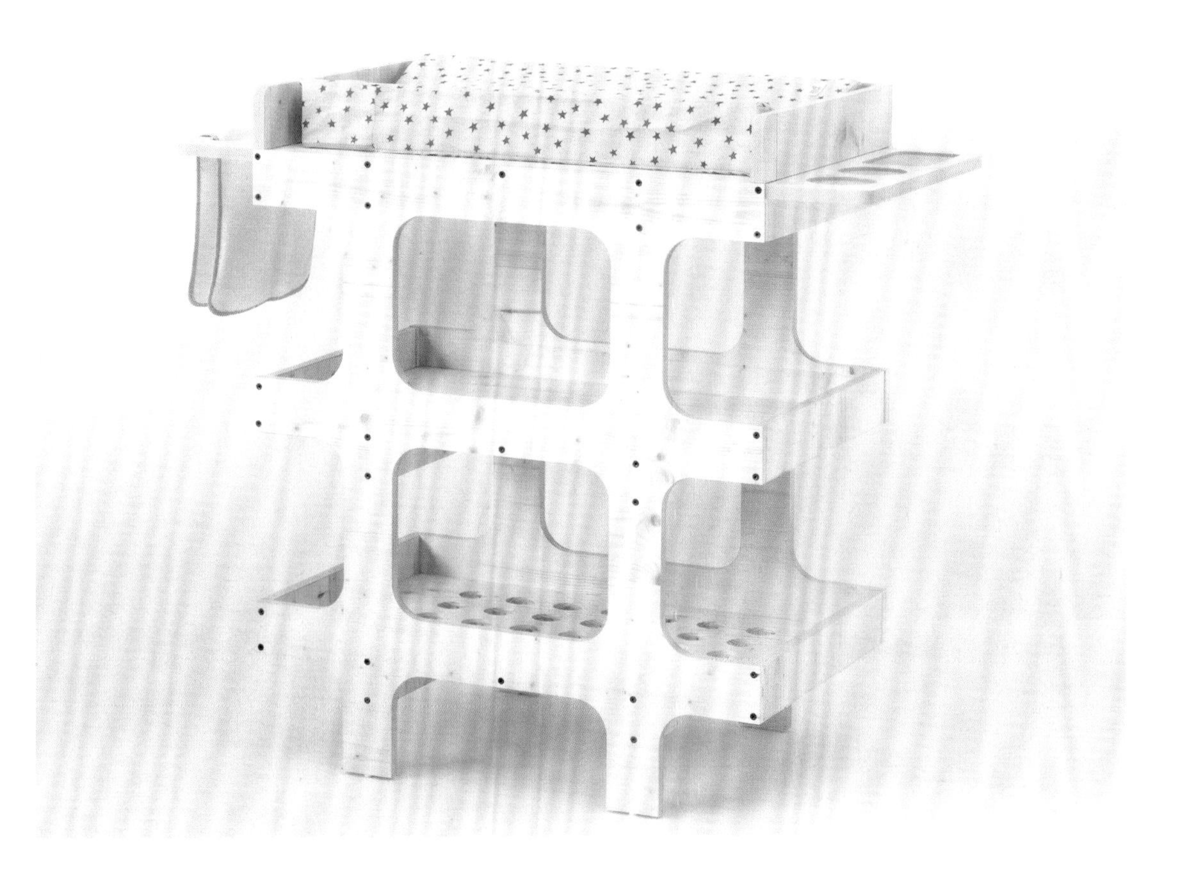

TANTOOO 豆袋椅

设计机构 / Antonio Scarponi（Conceptual Devices 事务所）
销售网站 / www.tantooo.com

TANTOOO® 是一个豆袋椅，一个适合读（写）童话的地方。放平的时候，它就是一个可以休息的沙发，柔软的形状会随着身体的线条改变，在上面小睡体验极佳。你也可以把它抬起来，变成一张普通的柔软扶手椅。动物的头可以当作柔软的枕头，方便头部休息。这款产品的双层衬里使得它易于清洗，在豆袋产品里独树一帜。它的外衬使用的是用于户外装饰的柔软织物，易清洗，防水，防油，耐阳光，然而又像厚厚的棉花一样十分光滑。内衬是 100% 棉，配有发泡聚苯乙烯衬垫。

设计师 / Antonio Scarponi　**摄影** / Monica Tarocco　**国家** / 瑞士、意大利

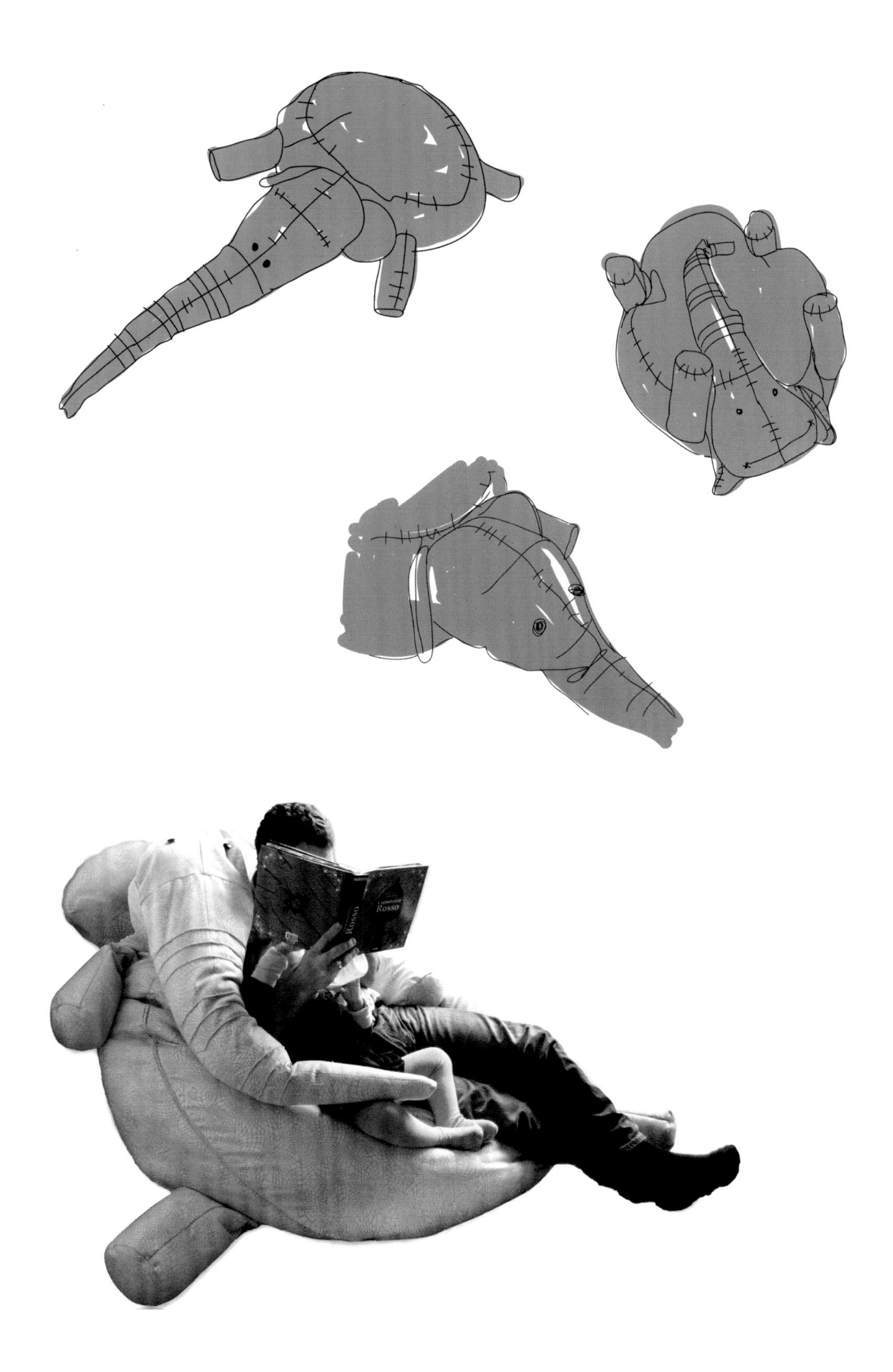
Rosso

FRRRNITURE 儿童椅

设计机构 / Andaluzia 设计工作室
销售网站 / https://www.frrrniture.com

这组椅子设计代表了想象中的小动物。设计强调天然木材结构。木材的保护涂层经过精心挑选，天然环保且适合儿童使用。设计成功创造的不仅仅是一件家具，而是儿童游戏的一部分。

设计师 / Lucija Vodopivc　客户 / Andaluzia 工作室　摄影 / Martin Vogric Dezman

FRRRNITURE 书桌

设计机构 / Andaluzia 设计工作室
销售网站 / https://www.frrrniture.com

Frrrniture 品牌是通过倾听孩子们的需要来设计的。孩子们会觉得坐在桌子前很不自在。这是 Frrrniture 想要改变的情况。Frrrniture 鼓励孩子进行趣味性和创造性的活动。通过为孩子们创造丰富多彩，富有想象力的环境，游戏和学习可以有效地结合在一起。

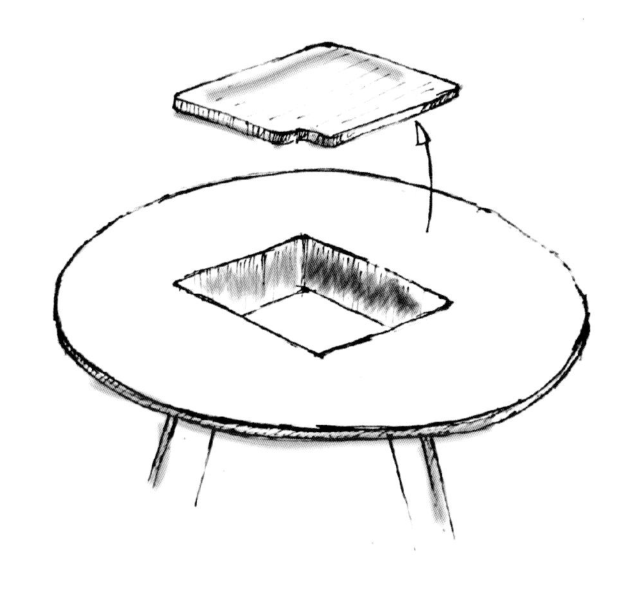

设计师 / Lucija Vodopivc　**客户** / Andaluzia 设计工作室　**摄影** / Martin Vogric Dezman

WINNER
CREW CUP

TICIA 成长中的床（1）

设计机构 / Complojer for kids
销售网站 / www.complojerforkids.com

TICIA（蒂西亚）是一款单件、功能齐全，耐用的儿童家具，能够随着孩子的成长变化进行调节。在宝宝出生的最初几个月里，它是一个舒适的摇篮。摇篮有两个可以轻松调整的高度选项。梳妆台还可以用作婴儿尿布台，提供舒适的“省腰”高度方便家长，足够的存储空间和额外的静音抽屉。孩子长大后，摇篮的侧壁变成了小架子，梳妆台可以向左或向右移动，形成一个舒适的小床，可以容下一个较小的孩子。如果将摇篮部件插入床的上部结构，可以获得更多的存储空间 —— 储存空间通常是一个极受欢迎的大优势！

很快孩子就会需要一个更大的床 —— 没问题！移除梳妆台部分，就可以获得一个标准的成人床，尺寸为 200 厘米 ×100 厘米。这三个组成部件，曾经是梳妆台的背面，如今变成了床头柜、架子，甚至是一个书桌。对家长和孩子来说，这款产品的创造力是无限的！只需稍加改动，一个小巧紧凑，又有玩耍空间的儿童房就变成了极具设计感的青少年卧室。

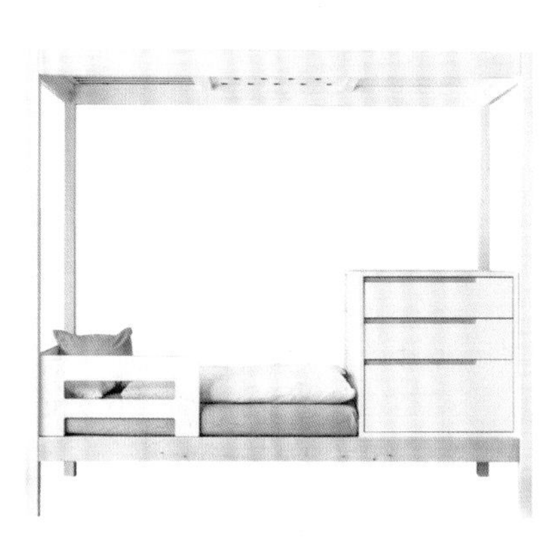

创意总监 / Complojer Davide　**国家** / 意大利　**客户** / baby children product

获奖信息 /2017 欧洲产品设计大奖，2018 德国国家设计奖，2015 G+J 消费产品设计奖

TICIA 成长中的床（2）

设计机构 / Complojer for kids
销售网站 / www.complojerforkids.com

• 多变，可单独调节，节约空间
• 价格经济，用料环保
• 桦木实木结构，不含有害物质。表面处理适合儿童使用
• 意大利制造 —— 来自木匠大师的最高品质

这款产品为不同年龄的儿童提供了理想的使用方案。首先，它可以作为摇篮和婴儿床使用，当婴儿长大后，它可以变成儿童床和双层床，非常适合小房间。最重要的一点是，这是一款多合一床铺设计。

创意总监 / Complojer Davide　**国家** / 意大利　**客户** / baby children product

获奖信息 /2017 欧洲产品设计大奖，2018 德国国家设计奖，G+J 消费产品设计奖

POPSICLE 冰棒儿童家具

设计机构 / Herman Studio
销售网站 / http://www.flexaworld.dk/flexa-dealer

这款产品的设计灵感来自真正的冰棒那简单、柔软和圆形的质感，以及它极具吸引力的颜色。冰棒对我们来说是快乐童年的同义词。这也是设计的起点，但设计师也希望简洁、清晰的设计对家长来说同样有吸引力。带有隐藏螺丝的接头是设计中的一个重要因素。

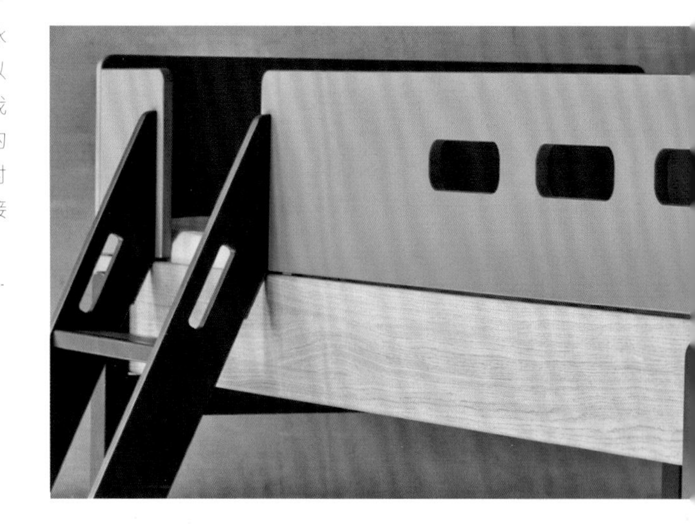

设计师 / Helle Herman Mortensen, Jonas Herman Pedersen　　国家 / 丹麦

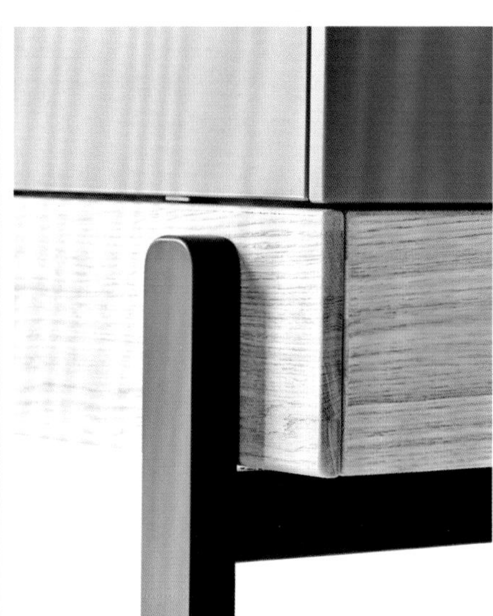

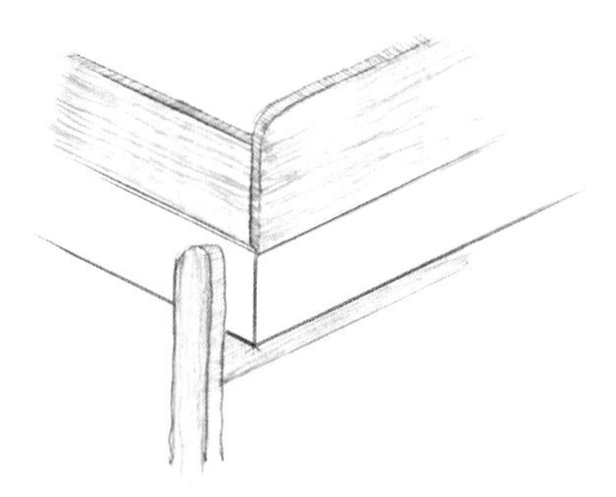

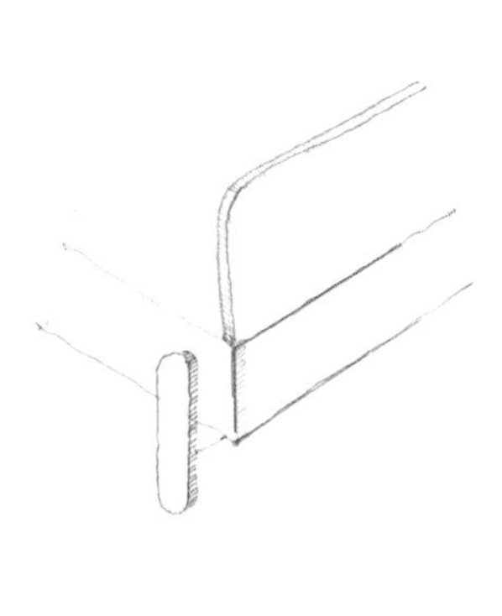

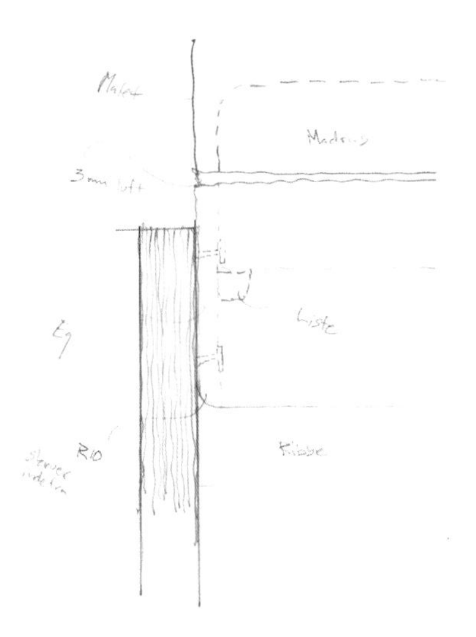
Liste
3mm luft
R10

气球椅

设计机构 / h220430
销售网站 / http://www.h220430.jp

这把椅子视觉设计灵感来自法国电影《红气球》(1953) 中主角感受到的飘浮的感觉。通过将气球和椅子固定到后面的墙上，气球似乎真的将椅子抬了起来，实现了一种飘浮的效果。此外，气球是用玻璃钢做的，所以它们不会泄气或爆掉。即便你感觉情绪低落，只要你坐在这张椅子上，就会产生积极的想法。

设计师 / Satoshi Itasaka　　**国家** / 日本　　**摄影** / Ikunori Yamamoto

EVA 儿童椅

设计机构 / h220430
销售网站 / http://www.h220430.jp

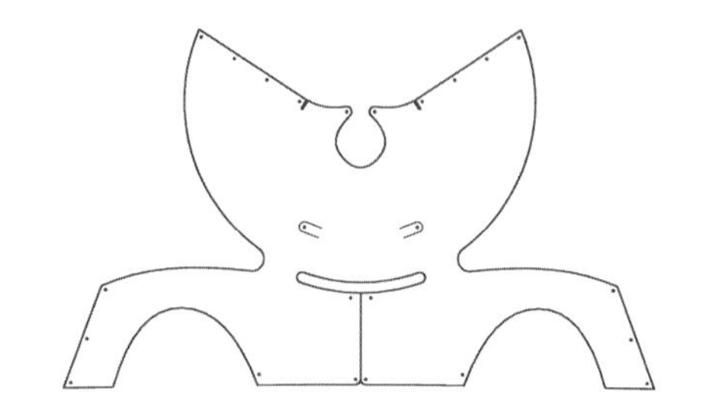

人们可以在童年进行高效的学习。因此，接触高级设计对于在童年时期培养孩子丰富的感知能力是十分必要的。然而不幸的是，优秀的设计很少应用于儿童用品。本案的设计师认为，为孩子而设计的必要性在于孩子是创造未来的主人。这款 EVA 椅就是为这些孩子设计的。只要将一块板子卷起，用绳子把它固定起来就可以完成。因为它可以很容易地恢复成平面，甚至可以在很小的空间内存放。这样的设计还可以在运输中节省能源和成本。

制造这把椅子的 EVA 材料很轻并具有较强的韧性，优秀的耐久性，以及多种颜色选择。即使不小心吃入嘴里，它仍然是安全的，所以它是一种适合儿童的优质材料。此外，考虑到材料的高可回收性，不产生二噁英，而且环保的特性，尤其适合这些将会在未来扮演重要角色的孩子们。我们希望孩子们能通过这把 EVA 椅子，培养丰富的想象力，创造丰富多彩的生活。

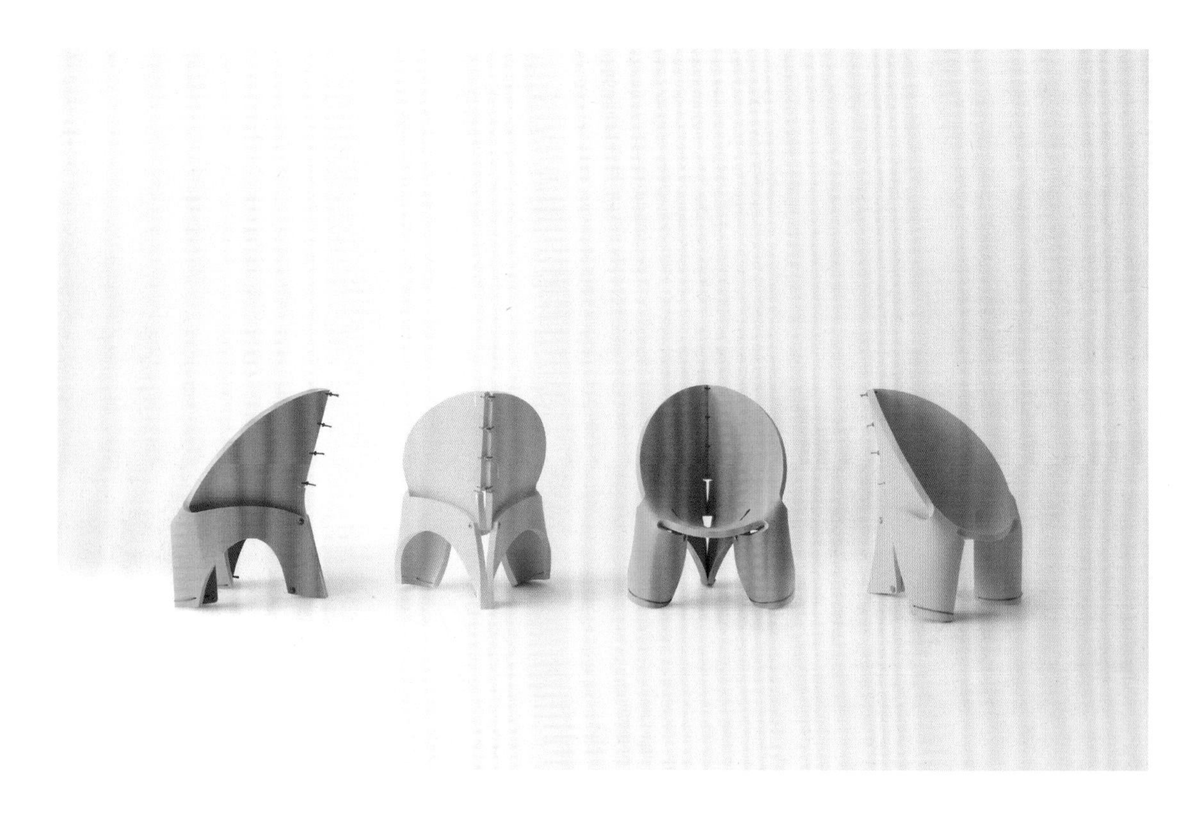

设计师 / Satoshi Itasaka　**国家** / 日本　**摄影** / Ikunori Yamamoto

莫利椅

设计机构 / h220430
销售网站 / http://www.h220430.jp

想用快速修复法或魔术子弹彻底消灭世界各地的恐怖主义都是不太可能的夸张想象，但用教育作为一种有效手段对这种情况进行改善却并不是不现实的。知晓世界上正在发生的事情，这一切的根源是什么，理解这一切痛苦的来源——这些都是当今的孩子们需要努力克服的问题，对他们的年轻头脑的激发是至关重要的。“莫利椅”是一把为孩子们而生的椅子，它是设计师为下一代人所做的和平祈祷。这款设计的设计目标是生产出一个和平的象征——孩子脸上的微笑。

就像强大的毛利远就三支箭的寓言一样，单枪匹马可能缺乏力量，但只要团结起来，就可以变得强大。这把椅子让孩子们自己组装，在实践中体验这一真理。无须任何工具就可以将零件组合在一起，将椅子拼装完成。通过独立思考，用自己的双手进行创造，然后使用成品，孩子们能够体验到创造的乐趣。随着我们的日常生活越来越被计算机占据，像椅子一样简单实用的设备越来越少，这项设计是献给孩子们的，因为他们掌握着未来的钥匙。椅子由五个部分组成，使用到四种颜色。有超过 1000 种可能的组装方法。设计师希望通过这一设计培养创造力，开发潜能，无限扩展。

设计师 / Satoshi Itasaka　国家 / 日本　摄影 / Ikunori Yamamoto

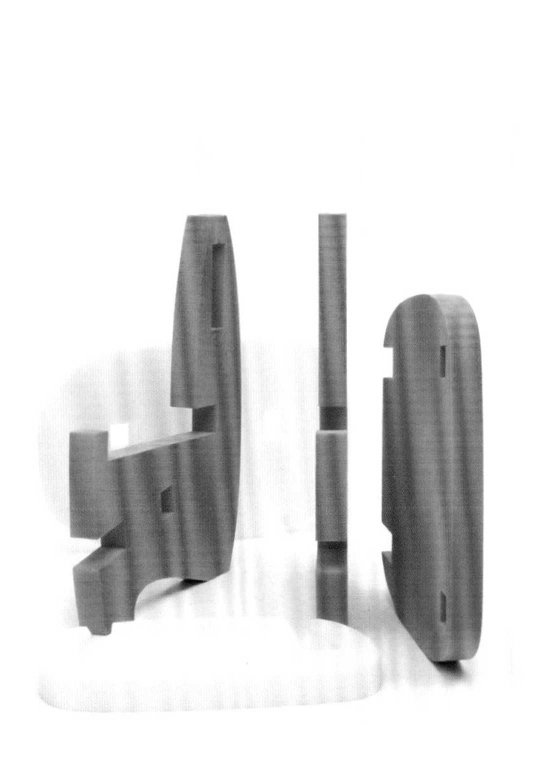

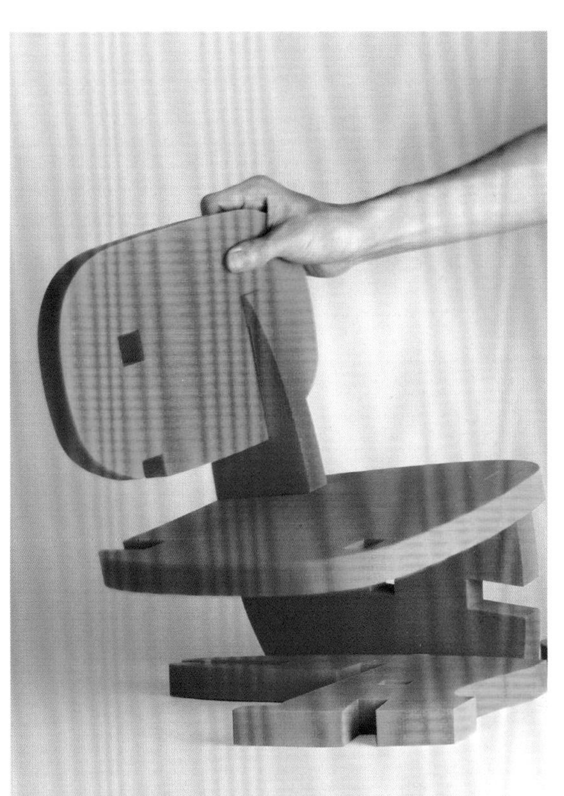

猫头鹰椅

设计机构 / h220430
销售网站 / http://www.h220430.jp

日本是一个可开发土地和资源有限的国家，在过去的多年中通过传承培养创造力的系统发展出了丰厚的文化。在这样的文化背景下，设计师在猫头鹰椅这款家具的设计中寄予了对培养孩子创造力的希望。用平面的素材组成椅子一样难以想象的形状，一定会激发孩子们的创造力。

猫头鹰椅无须任何工具或者附加部分即可组装，孩子们能亲手组装这把椅子。这把椅子由一整块 EVA 材料制成，原理与用一张纸做折纸类似。孩子的创造力就是通过这种形式激发出来的。因为椅子可以再次回到平面状态，它也可以在很小的空间里储存。还可以在运输中节省能源和成本。椅子使用的 EVA 材料质量轻，韧性强，优越的耐久性，颜色丰富多变。即使不小心吃入嘴里，它仍然是安全的，所以它是一种适合儿童的优质材料。此外，考虑到材料的高可回收性，不产生二噁英，而且环保的特性，尤其适合这些将会在未来扮演重要角色的孩子们。我们希望孩子们能通过这把椅子，培养丰富的想象力，创造丰富多彩的生活。

设计师 / Satoshi Itasaka　国家 / 日本　摄影 / Ellie

NOMI 成长椅

设计机构 / Peter Opsvik AS
销售网站 / www.evomove.com

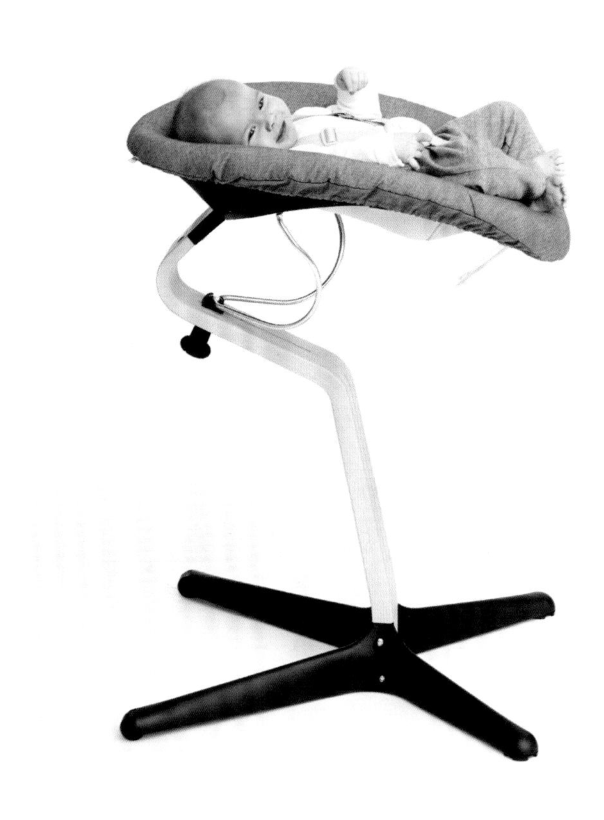

彼得·奥斯维克以优秀的座椅设计而闻名，提供面向儿童和成人的座位解决方案，激励他们成为积极主动的使用者。让孩子坐在较高的座位上可以减少其与成年人的身高差距，改善儿童与成年人之间的互动。Nomi 儿童椅没有阻挡性的侧扶手，方便孩子爬进爬出。这个开放的解决方案也对鼓励孩子使用座椅起到积极作用。

安装附加婴儿装置可以将儿童椅改装成婴儿椅，将婴儿所躺的水平位置提升到桌面高度，将婴儿融入家庭的日常生活中。

•Nomi 椅 —— 从婴儿到青少年
• 无须使用工具即可实现无缝调整
• 阀杆的形状确保座椅的深度和靠背支撑正确且舒适
• 中心位置的阀杆和开放的座椅侧面让孩子容易爬进爬出
• 座椅和脚凳表面材料形成摩擦，使椅子使用起来更安全、更舒适
• 座椅、靠背和脚凳的形状为动态坐姿提供了基础
• 脚部旋钮提供额外的支持以及反推保护，支持多样的舒适坐姿
• 后轮最大限度地降低了倾斜的风险，使椅子在桌子附近的移动更容易
• 结构轻巧（5 千克），可持续且可回收的材料减少碳足迹

设计师 / Peter Opsvik　**摄影** / Peter Opsvik and Evomove　**客户** / Evomove AS

BABY HUG 四合一成长椅

设计机构 / Desall 设计平台
销售网站 / www.chicco.it/

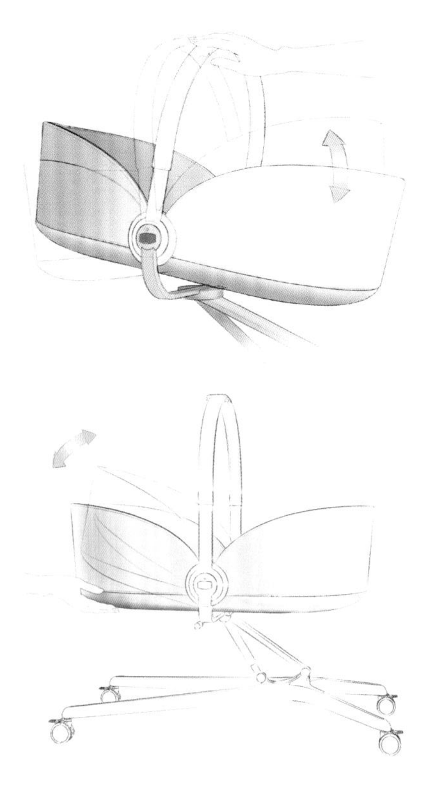

BABY HUG 四合一成长椅产生自 Chicco 品牌与 Desall.com 网站合作设立的 R-Evolutionary 婴儿产品设计比赛，是 Chicco 品牌打造的一款多功能的室内解决方案。该产品的设计概念出自俄罗斯二人设计组合 Albina Basharova and Anna Buleeva，并在这场 Desall.com 网站的国际设计比赛中获得一等奖。它既可作婴儿床、躺椅、高脚椅，也可以作为矮椅子使用。从孩子出生到 36 月龄，它可以一直陪伴你和你的孩子。

设计师 / Albina Basharova，Anna Buleeva　摄影 / Chicco – Artsana 公司　国家 / 意大利

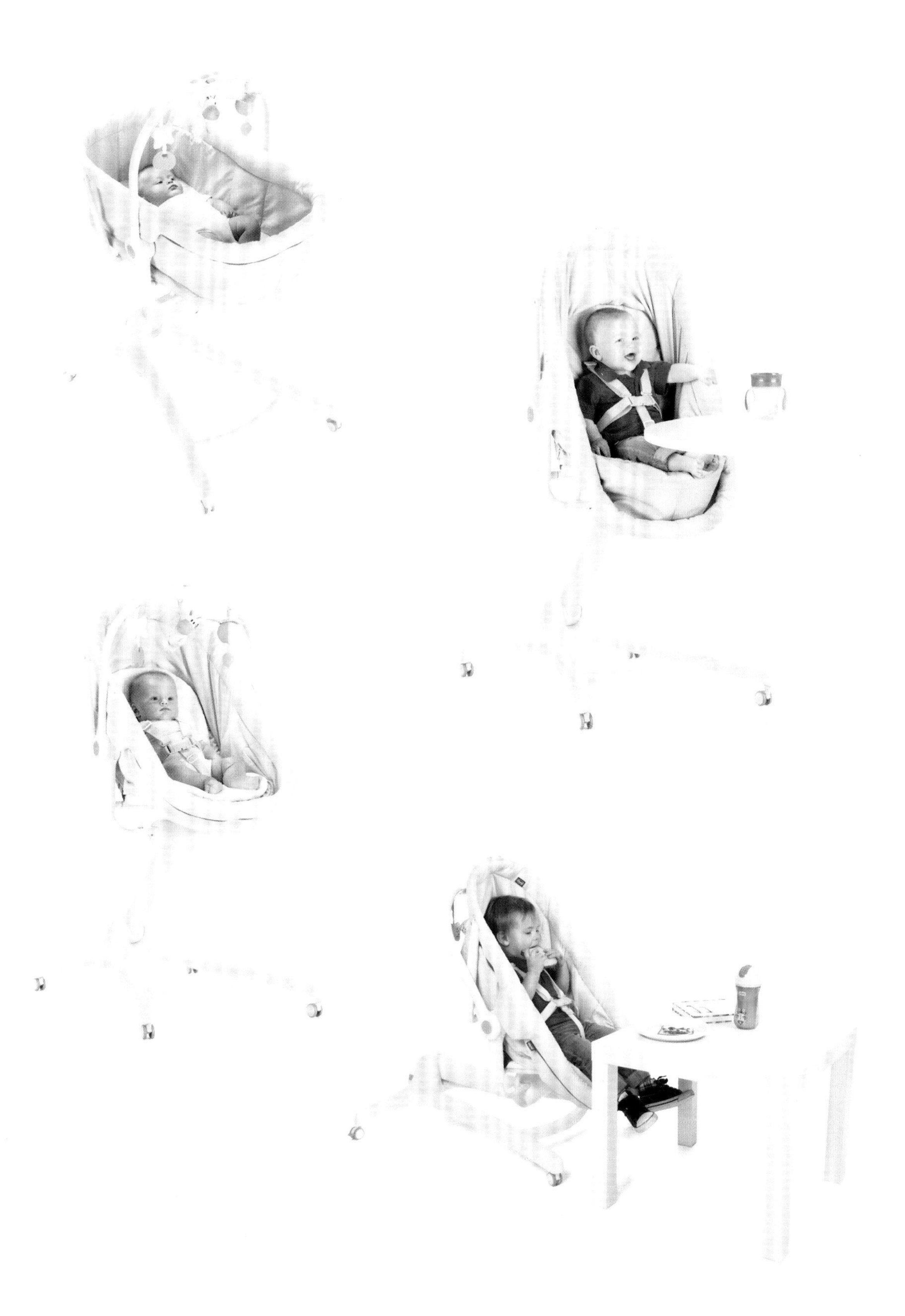

获奖信息 / 科隆国际少儿用品展 - 儿童家具类创新奖；Desall 设计平台革命性婴儿设计

卡米尔梳妆台

设计机构 / xo-inmyroom
销售网站 / http://shop.xo-inmyroom.com

卡米尔梳妆台的设计旨在促进孩子的自主性。它的结构使得搭配衣服和鞋子变得很容易。组件上的洞口设计让人联想起经典的麦卡诺积木，呈现男女皆宜的风格。同时，它还可以当做儿童房间里的装饰品。它的上层托盘可以摆放玩具、灯饰。

创意总监 / Carina Hemmings　设计师 / J.C. Ponsa　客户 / xo-inmyroo

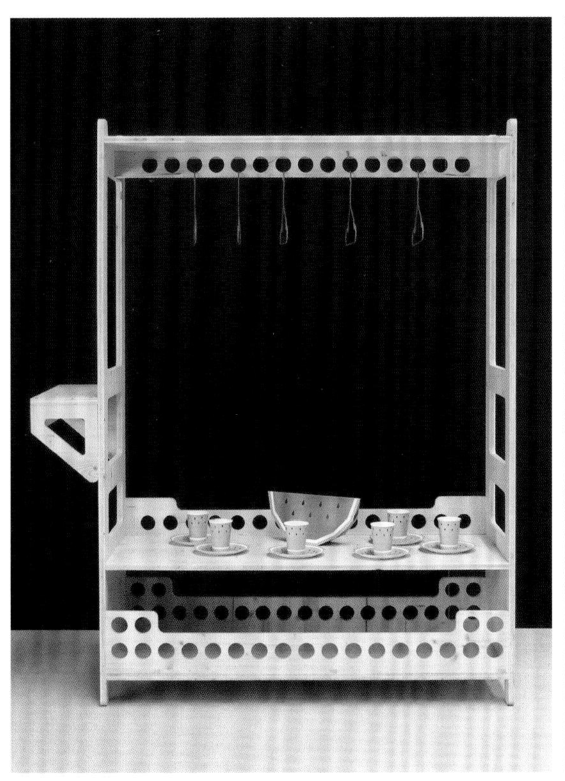

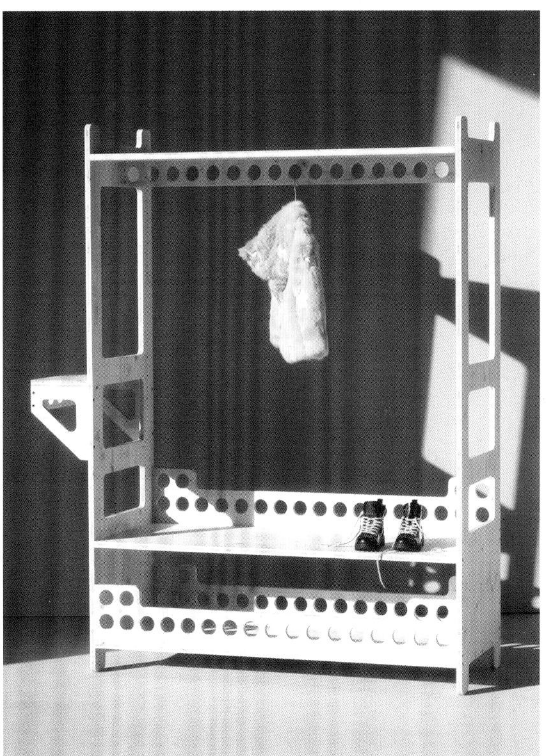

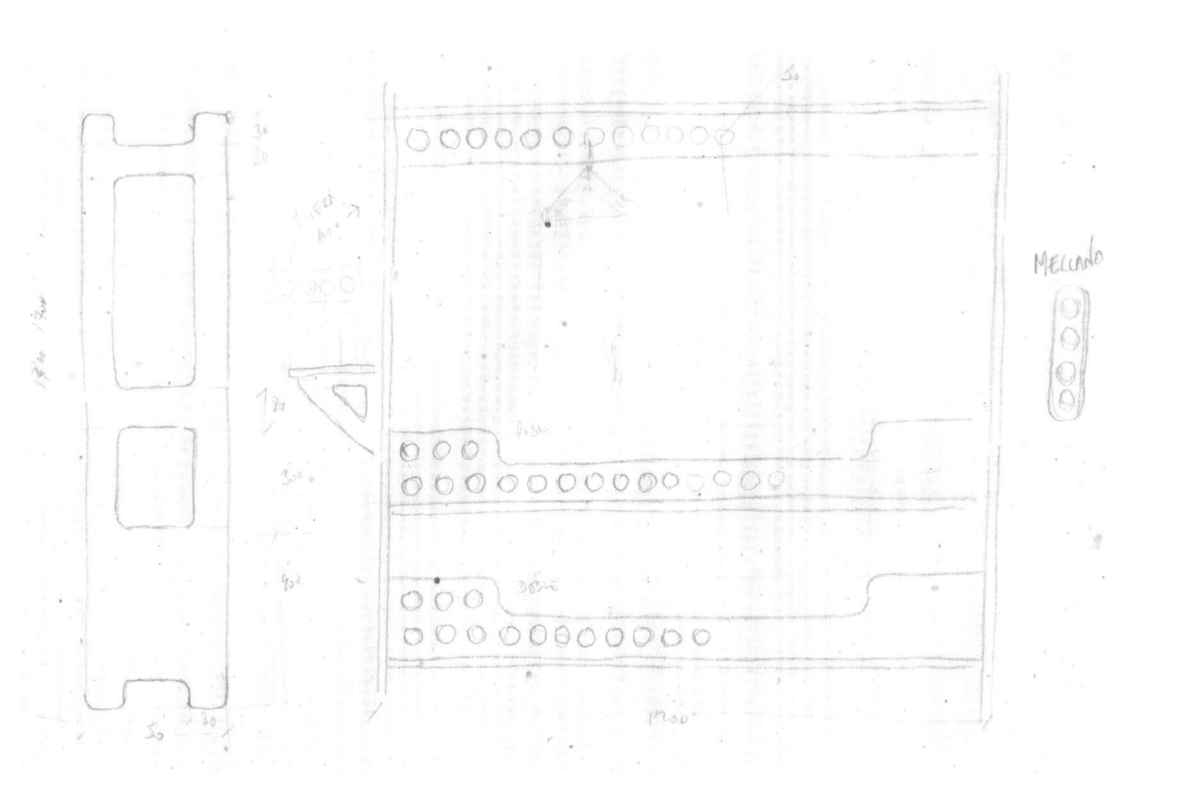
MECCANO

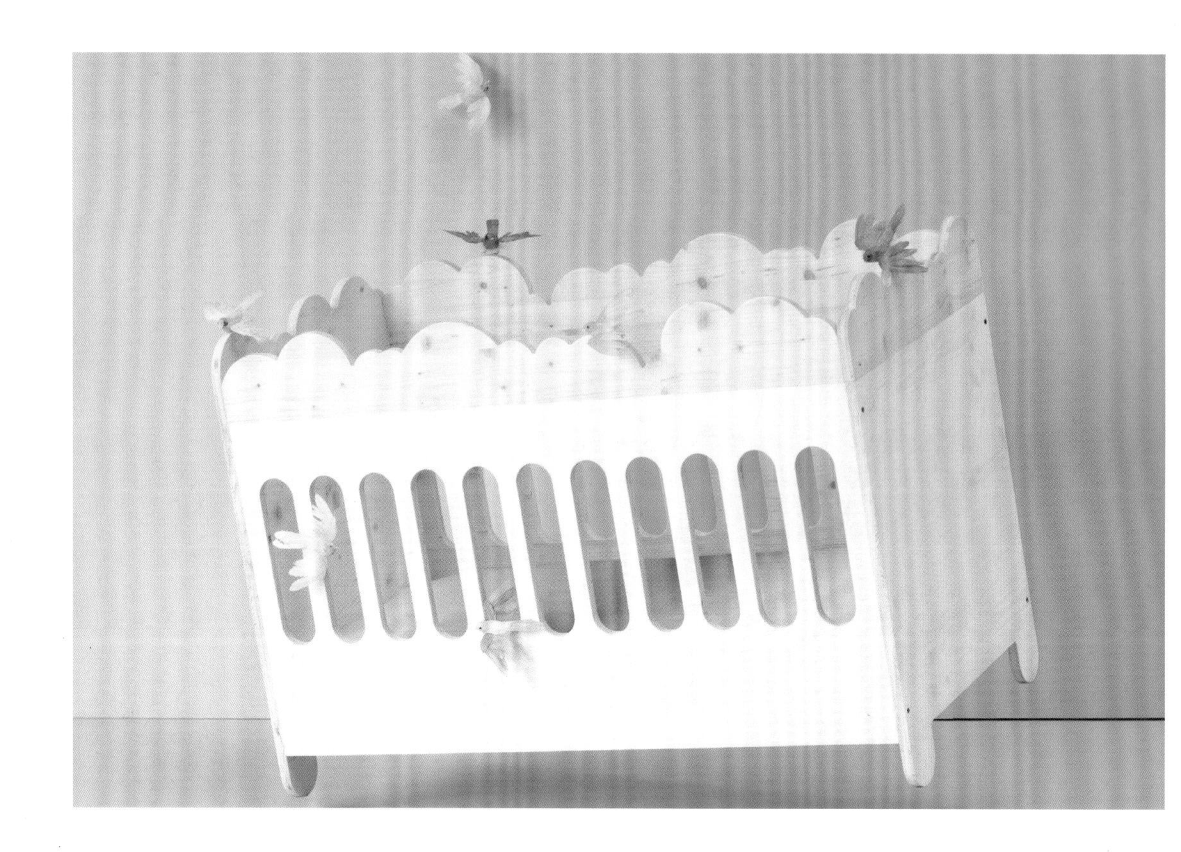

埃利奥婴儿床

设计机构 / xo-inmyroom
销售网站 / http://shop.xo-inmyroom.com

埃利奥婴儿床的设计灵感来自梦想和云，创造了一种舒适温馨的气氛，提高婴儿的睡眠质量。顶端的云朵有着圆润和粗短的形状，似乎也有表情。整个婴儿床都呈现胖嘟嘟的样子，同时又显得很轻盈。

而婴儿床内侧保持天然木材表面，外侧则有多种颜色组合：整体天然色或乳白色搭配天然色，以及颜色组合，云的颜色从“多云”到“晴天”充满变化。

创意总监 / Carina Hemmings　设计师 / J.C. Ponsa　客户 / xo-inmyroom

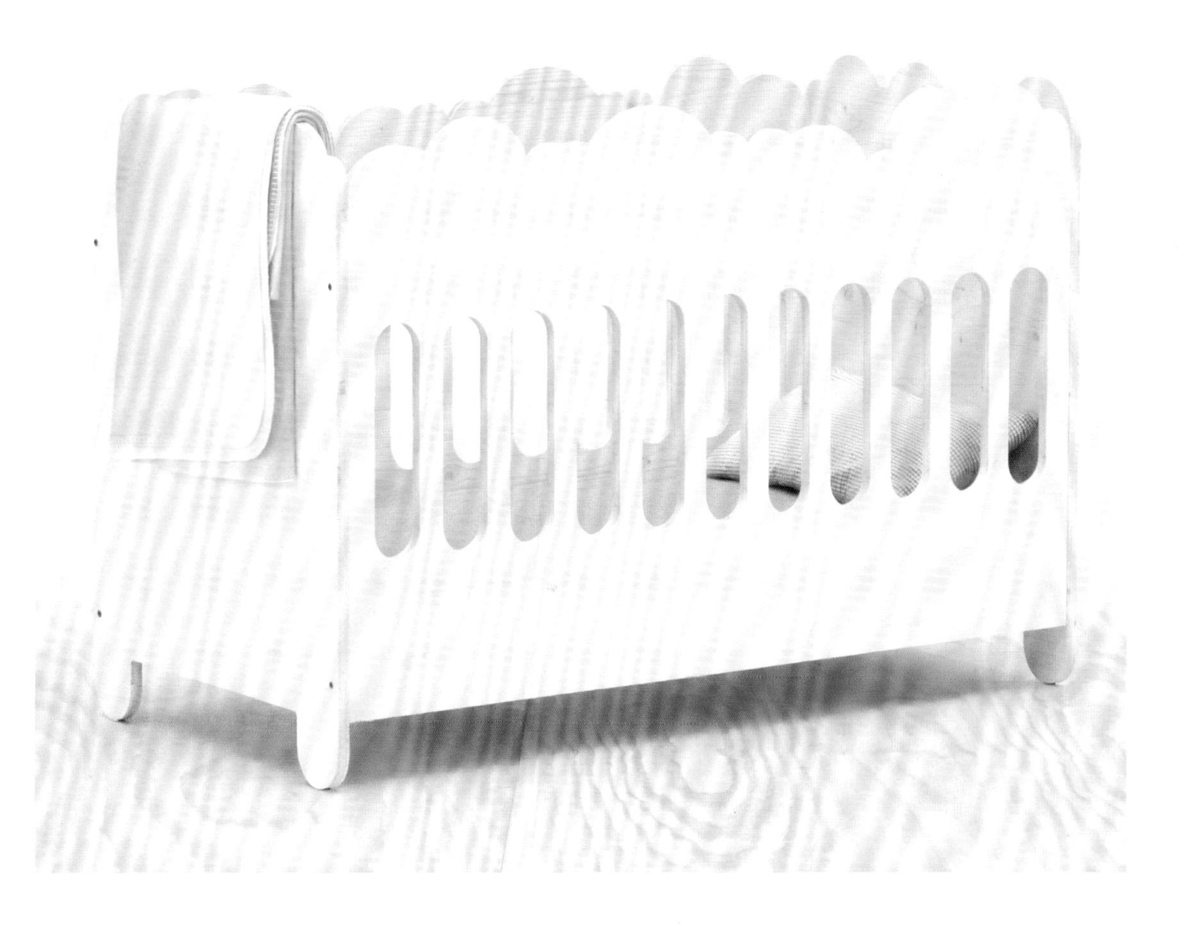

汤姆书桌

设计机构 / xo-inmyroom
销售网站 / http://shop.xo-inmyroom.com

汤姆书桌的设计是为了帮助孩子们在学习和游戏中保持秩序。设计目标是创造最大的自由空间，因为我们知道，当孩子们绘画、涂色或写作时，他们往往占据桌面很大面积。为了避免铅笔和其他物品从桌子上掉下来，桌子还设计了一圈外沿，工作区外也有一个托盘，用来放花瓶、铅笔、剪刀或孩子们进行创造时需要的东西。书桌的颜色有天然木色或定制彩色可选。

创意总监 / Carina Hemmings　设计师 / J.C. Ponsa　客户 / xo-inmyroom

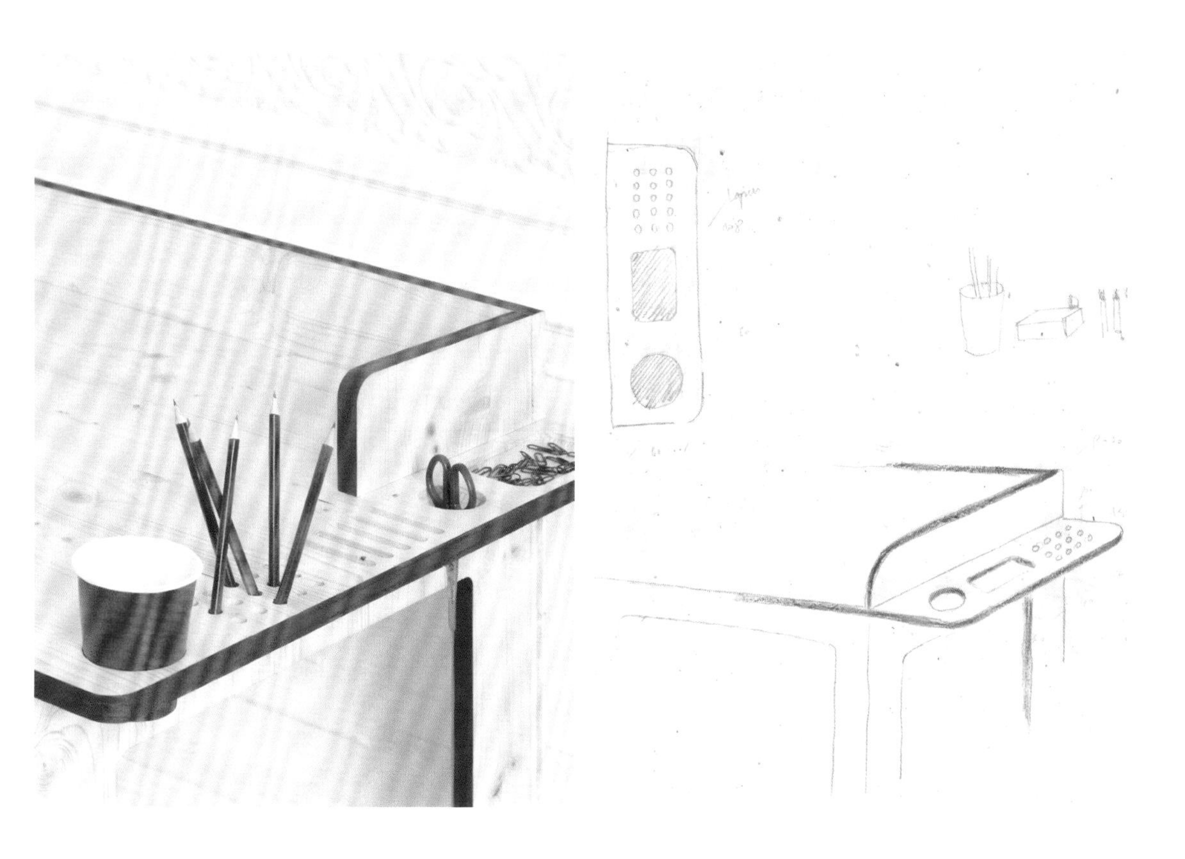

瓦伦蒂娜衣柜

设计机构 / xo-inmyroom
销售网站 / http://shop.xo-inmyroom.com

瓦伦蒂娜衣柜外表朴素，但里面却藏着惊喜：星光灿烂的背景。就像一个巨大的盒子，把秘密藏在里面，邀请我们透过门上的洞看到它的另一面。衣架或置物架等彩色部件可以定制。

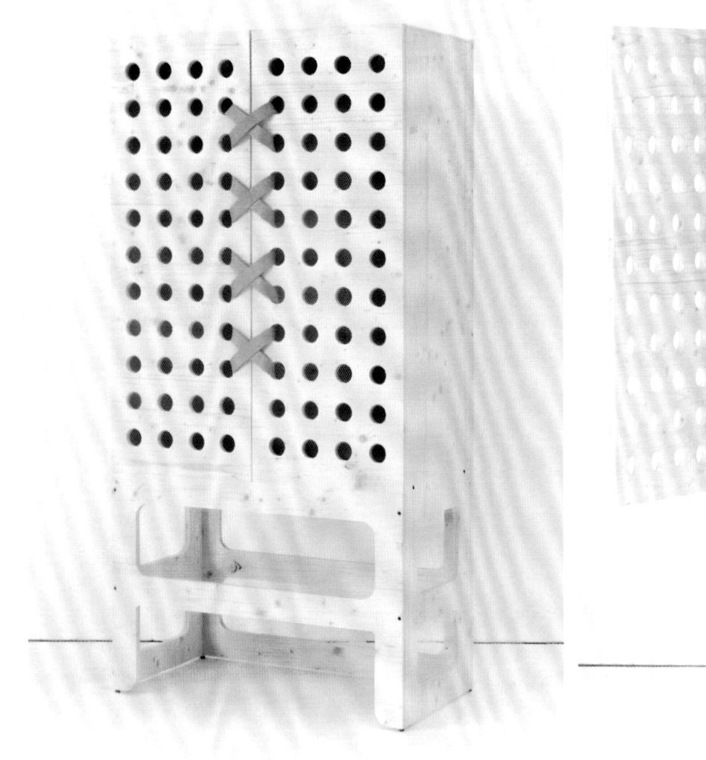

创意总监 / Carina Hemmings　**设计师** / J.C. Ponsa　**客户** / xo-inmyroom

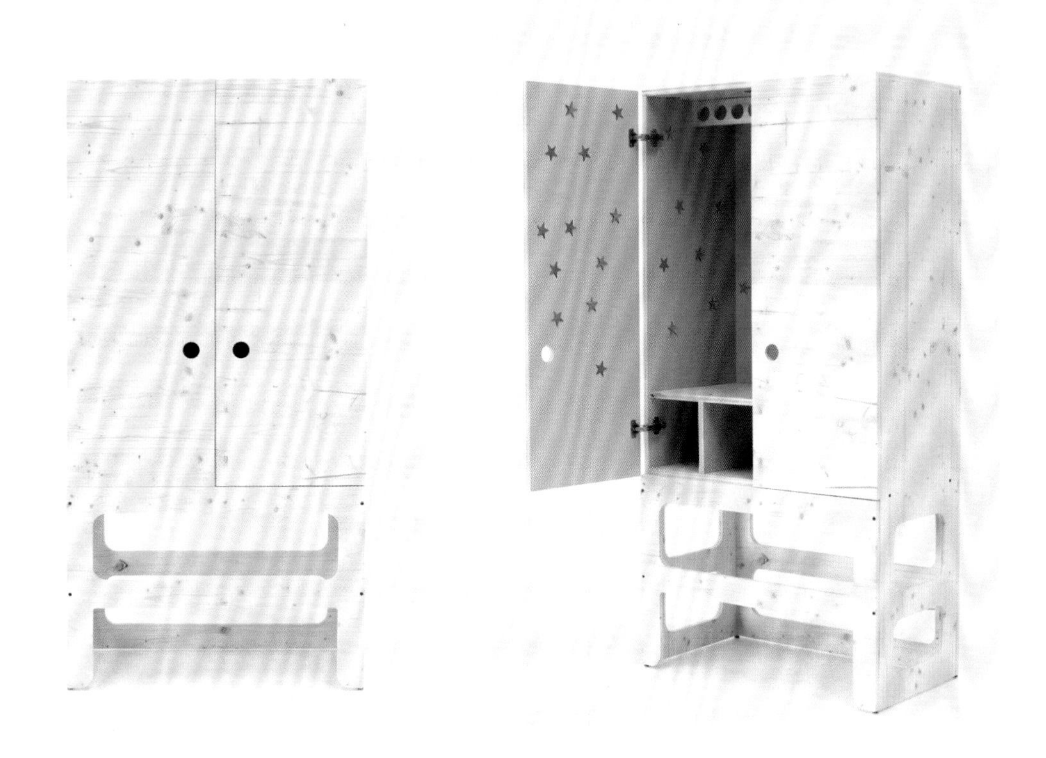

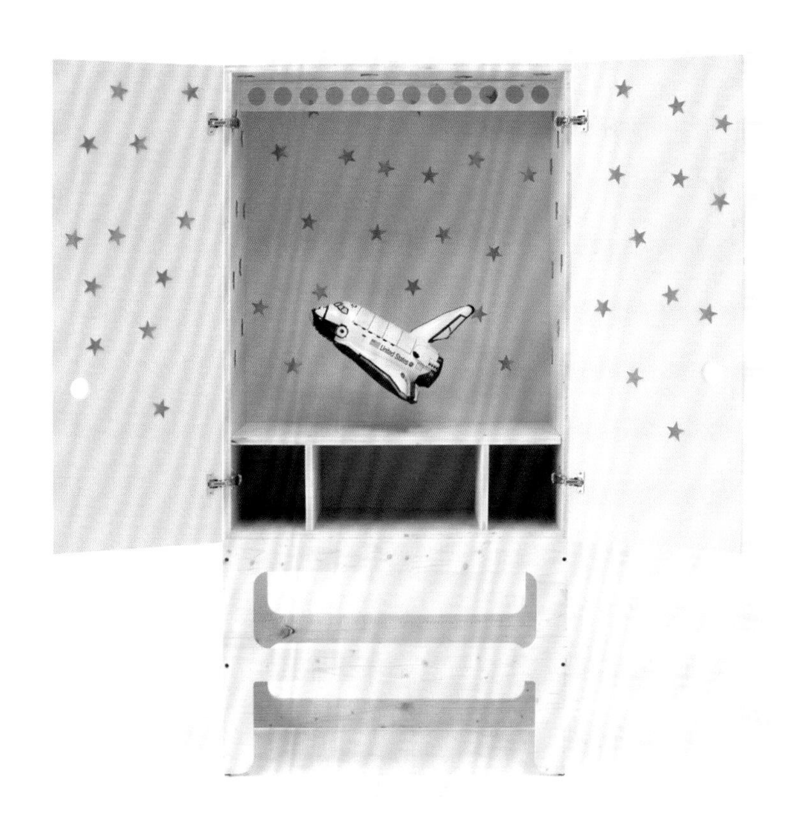

FEBRIS 智能手表

设计机构 / prods design 事务所

Febris 是一款专为 4 - 12 岁儿童设计的智能手表。它的功能包含可穿戴手机和定位器，适合那些尚不够成熟使用普通智能手机的孩子。这款手表包括语音或数据通信的 GSM/GPRS 模块和跟踪功能的 GPS 模块。设备装有位置检测和体温测量传感器。如果手表被摘掉或孩子体温出现异常，对应的手机 APP 都会告知家长。

设计师 / Levent Muslular　客户 / Ulepus Smart Systems　国家 / 土耳其

09:45
09:45
09:45
09:45

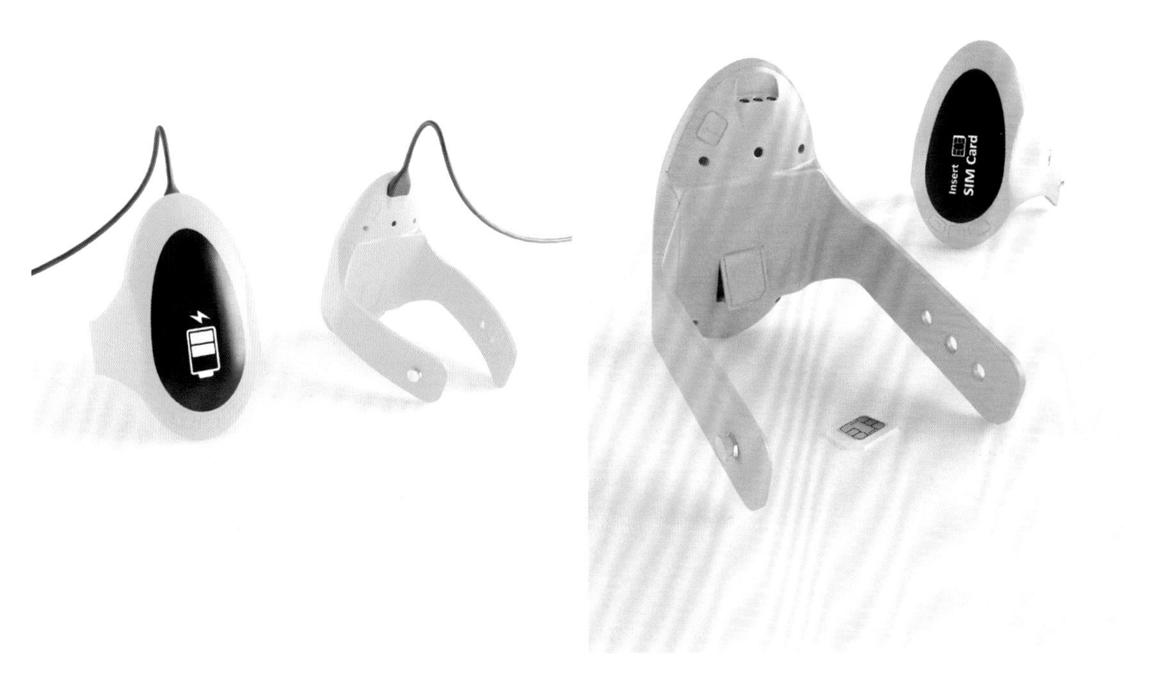
Insert
SIM Card

OXXO 婴儿监视器

设计机构 / prods design 事务所

这款产品的设计灵感来自于制作一个既便于携带，又能同时抱着婴儿的婴儿监视器。设计师希望能为家长提供准确及时的信息。OXXO 婴儿监视器套装包含支撑相机的主监视器和底座。主监控器的形式使保姆或父母可以轻松地拿起它并进行移动。显示器的广角让父母可以监控到婴儿所在房间的大部分空间。建议将监视器底座放置在婴儿房间，因为它可以测量房间的湿度、温度和氧气水平等物理条件。此外，底座还可以给监视器充电。

设计师 / Levent Muslular　　摄影 / Irem Dilek　　国家 / 土耳其

25
°C
OXXO

25
°C

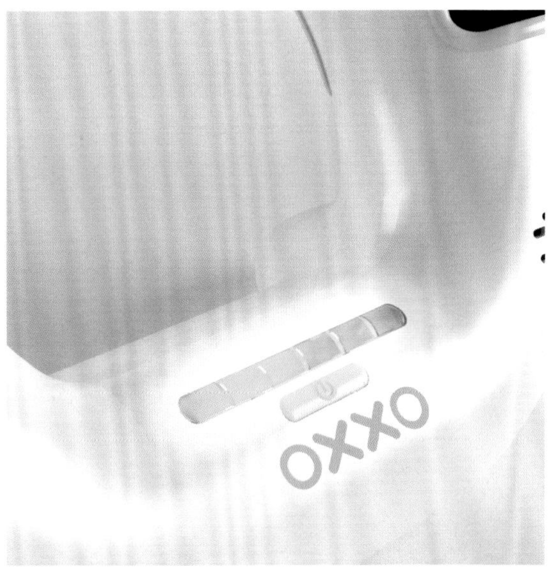
OXXO

QUB 控制器

设计机构 / Héctor Serrano 工作室
销售网站 / https://goodbaby.tmall.com

Qub 是一款与“Qub 纸”相连的小型控制器，而 Qub 纸是一种特殊的交互式声光墙纸。它的设计目的是把未来的情景带到生活中，激发孩子的情绪，与家庭成员建立积极的互动。

所有的技术设备都是隐藏的，不会被孩子们察觉，使得最终的体验变得简单和直观。通过这种方式，帮助孩子们获得安全感，变得自信。做出类似爱抚的手势，Qub 纸会出现反应。不同的手势会根据情绪不同再现不同的场景。这种充满未来感的墙纸可以切割成不同的形状，使整个过程成为一个有趣的体验。

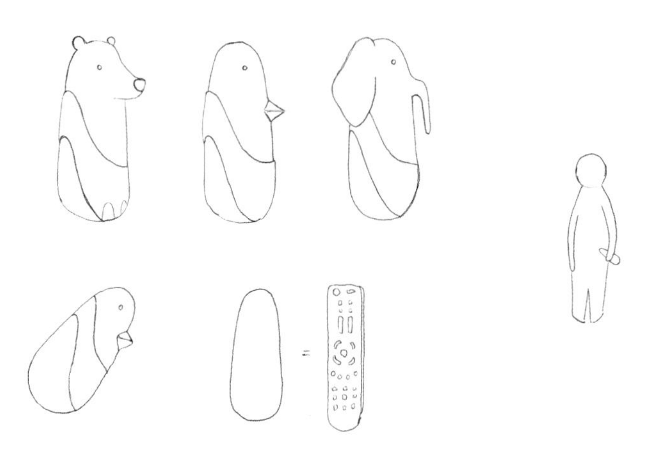

设计师 / Andrea Pelino, Luca Viscardi, Massimiliano Bettinelli, Pierluigi Rizzo

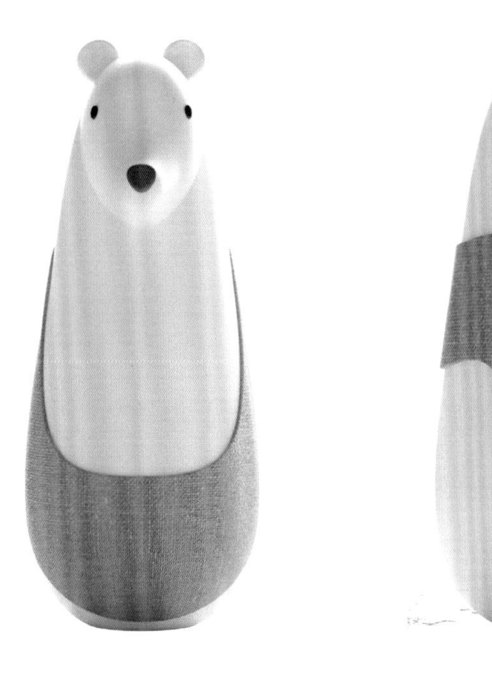

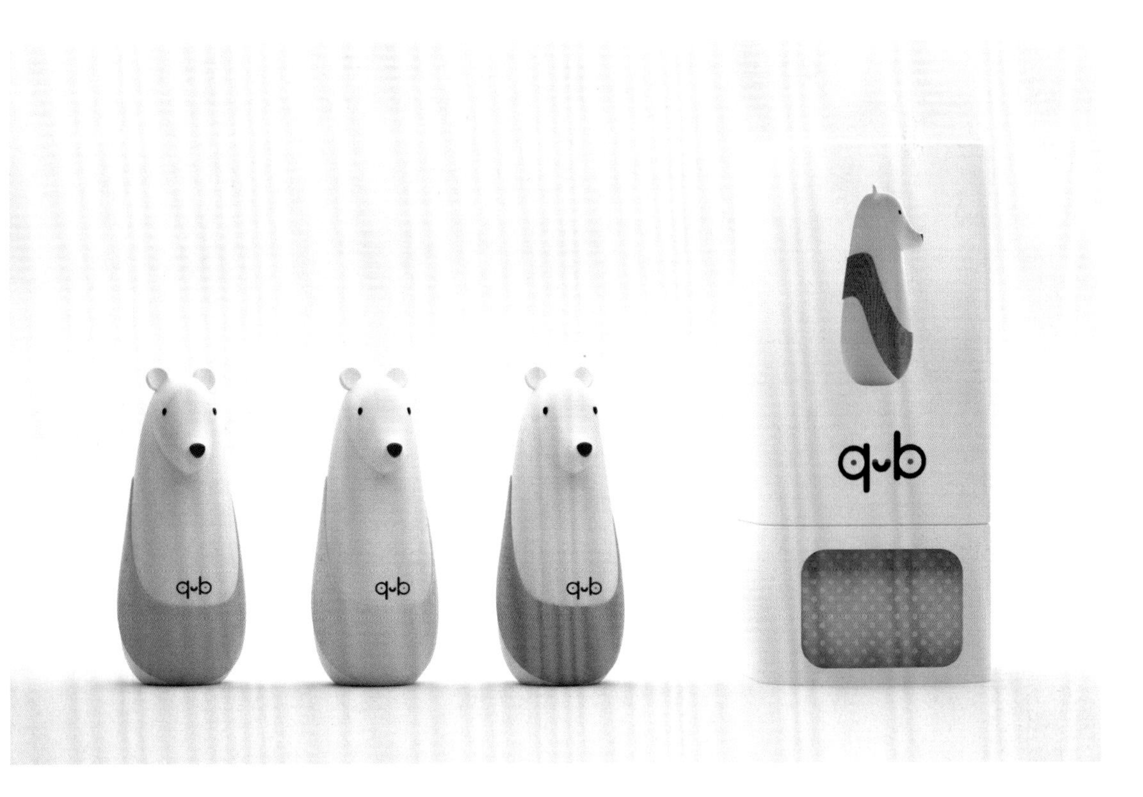
q-b
q-b
q-b
q-b

“小云”台灯

设计机构 / Case Studyo 事务所
销售网站 / www.casestudyo.myshopify.com

设计师希望通过这个限量版“小云”设计创造一个实用的艺术作品，打造一盏能够带来和平与爱的灯。“小云”设计在地球上旅行，给它遇到的每一个人带来光明。不可思议的它是无条件的爱和光的指引的象征。这款限量版台灯有两种不同的白光强度：冷白色和暖白色。它有一个可充电电池，可以把它带到你想去的地方。“小云”的尺寸是 30 厘米 ×21 厘米。

设计师 / FriendsWithYou　　摄影 / Mike Van Cleven　　国家 / 比利时

Little Cloud

大象木钟

设计机构 / 邦尼山
销售网站 / www.bunnyhill.ru

设计师设计是为了给人带来天然木材的温暖能量，一种家的舒适感和一种时间的奔腾感，而这种感觉在城市的喧嚣中是如此的缺乏。没有尖锐的角度，只有光滑的直线、舒适的质感和流线造型。看到这个时钟，我们会回忆起生活中的美好时刻，我们会想到接近大自然是多么的重要，而一个在愤怒的节奏中生活的人会错过很多重要的、真正有价值的东西。因此能够在我们周围的世界里最简单、最普通的事物中找到美丽灵感是如此重要。

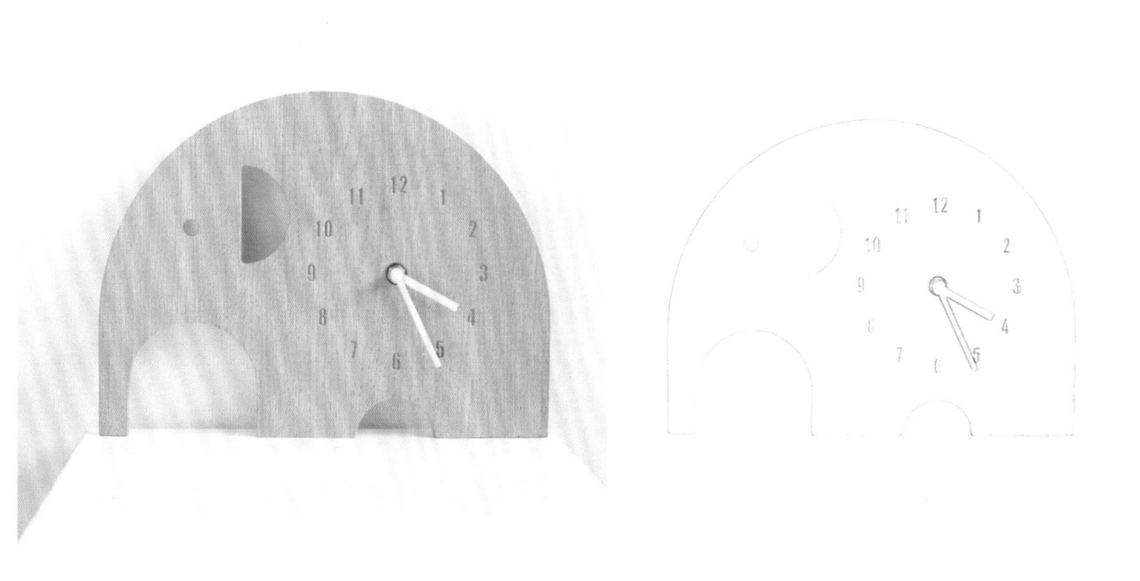

REMI 睡眠伴侣

设计机构 / 巴黎 eliumstudio 事务所
销售网站 / www.urbanhello.com

REMI 是睡眠规律方面你孩子最好的新朋友。REMI 是一个聪明的、可定制的睡眠伴侣，它可以和你的宝宝一起入睡，确保他们在床上待到该起床时间，早上一起醒来。REMI 可以和你的孩子一起成长，学习他们的睡眠规律，随着时间的推移，可定制性和互动性变得更强。

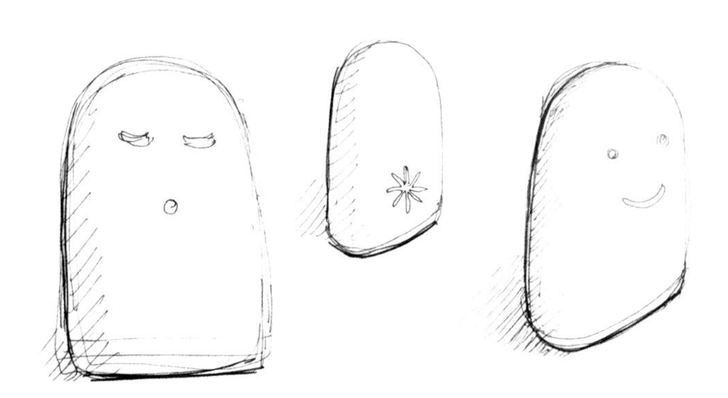

创意总监 / Pierre Garner　**设计师** / Anne Klepper, Elise Berthier　**客户** / URBANHELLO

AM 9·24
UrbanHello

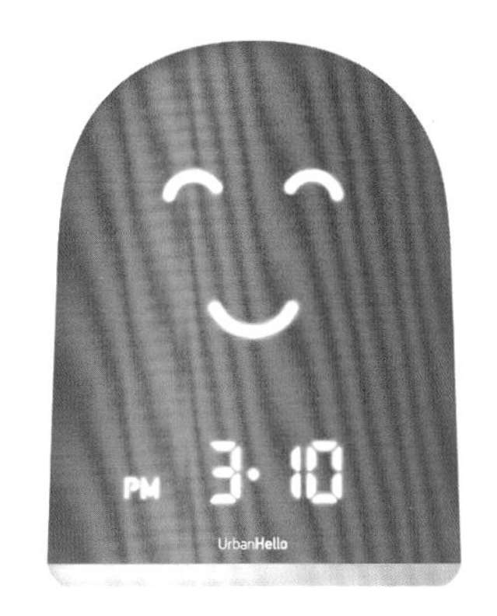
PM 3·10
UrbanHello

AM 10·10
UrbanHello

THERMO 温度计

设计机构 / 巴黎 eliumstudio 事务所
销售网站 / www.withings.com

Thermo 是一个连接的温度计。通过一个简单的手势便可以获得最精确的温度，自动与 wifi 同步的专用程序方便使用者在智能手机上跟踪温度读数，设置提醒和症状 / 药物的输入相关功能。Thermo 的设计传达了一种软技术的理念，让家长和孩子倍感安心。

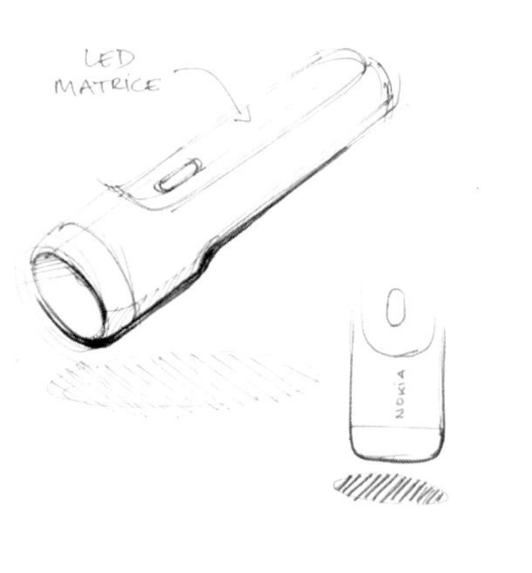

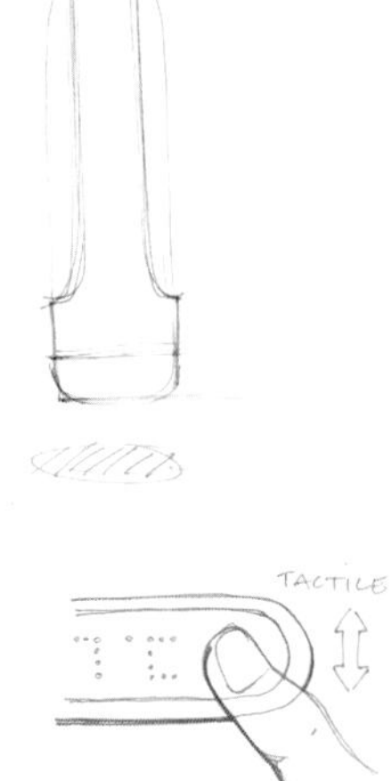

创意总监 / Pierre Garner　**设计师** / Thibaut Barbedette　**摄影** / Masaki Ogawa

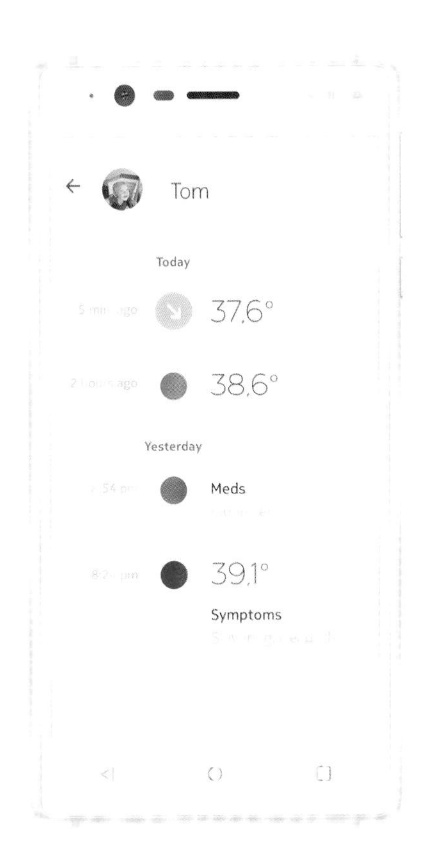
Tom
Today
37,6°
38,6°
Yesterday
Meds
39,1°
Symptoms

恐龙舀

设计机构 / Eliasdesign 事务所
销售网站 / www.roxy-kids.ru

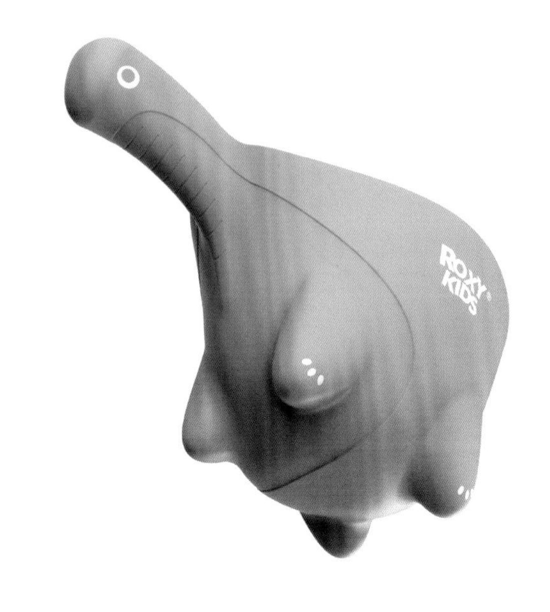

来自 Roxi – kids 的“DINOSCOOP 恐龙舀”是给宝宝洗澡时不可或缺的帮手和朋友。生动可爱的恐龙造型吸引孩子的注意力。有了这款恐龙舀，游泳轻松变成一项令人兴奋的游戏。它既是一个玩具，也是一款功能物品。由优质聚丙烯制成，对婴儿完全安全。恐龙舀的设计符合人体工程学，重量轻。舒适的把手设计便于抓握，湿手时也不容易滑落。各种鲜艳的颜色一定能够吸引你的孩子。水舀体积很小，直径 22 厘米 ×125 厘米 ×95 厘米，但容量很大。

创意总监 / Ilya Avakov　**设计师** / Ilya Avakov, Kseniya Petchenko　**摄影** / Ilya Avakov

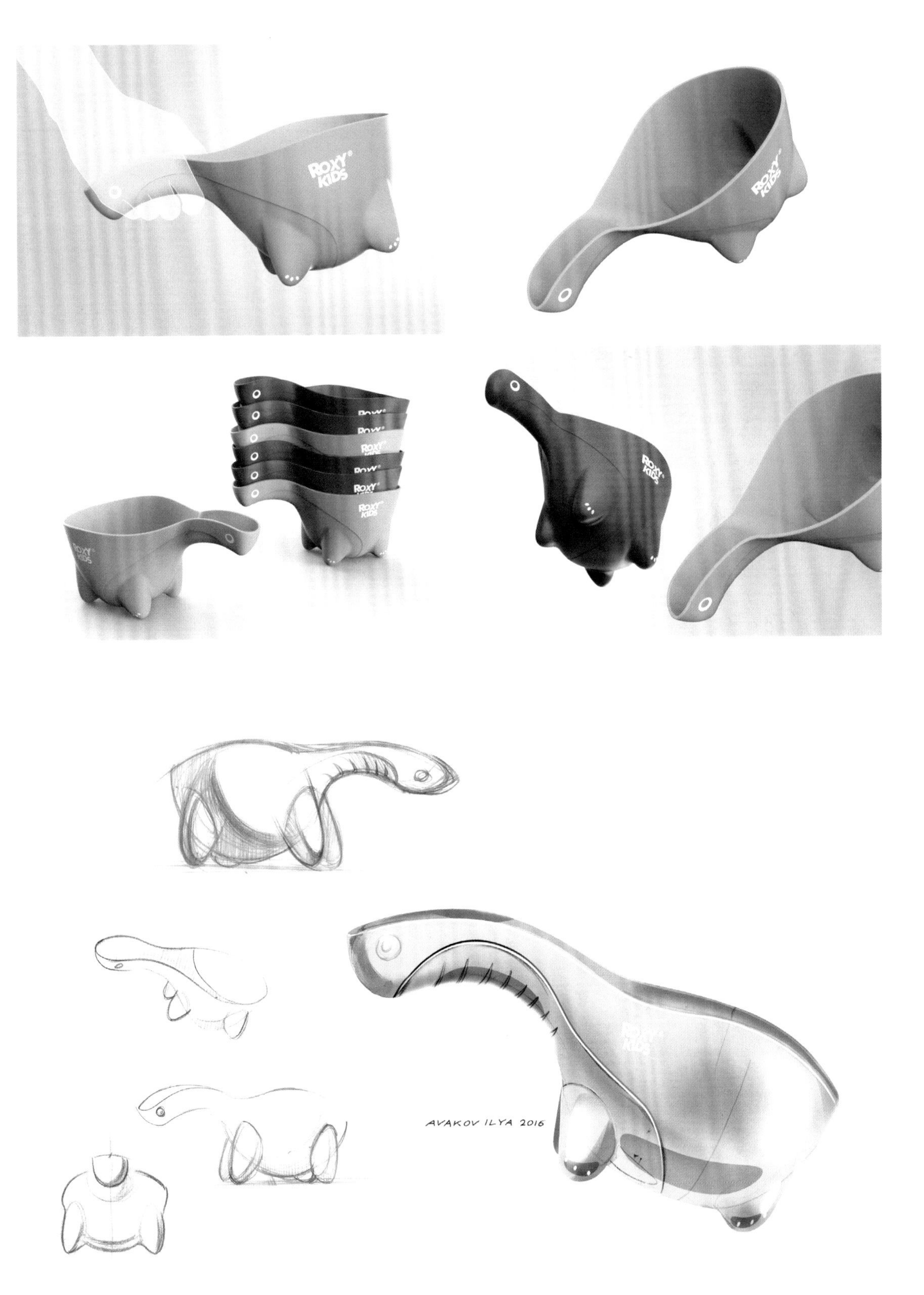

客户 / Roxy-Kids 儿童产品部　　**国家** / 俄罗斯

恐龙 ROXY

设计机构 / Eliasdesign 事务所
销售网站 / www.roxy-kids.ru

由优质聚丙烯制成，对婴儿完全安全。DINOROXY 的设计符合人体工程学，重量轻。舒适的把手设计便于抓握，湿手时也不容易滑落。各种鲜艳的颜色一定能够吸引你的孩子。来自 Roxi - kids 儿童产品部的“DINOROXY”是给宝宝洗澡时不可或缺的工具。鲜艳的颜色吸引宝宝的注意。游泳也变得轻松有趣。这款设计节约浴室空间，吸引宝宝注意力，使沐浴时间变得如此愉快。

创意总监 / Ilya Avakov　**设计师** / Ilya Avakov, Kseniya Petchenko　**摄影** / Ilya Avakov

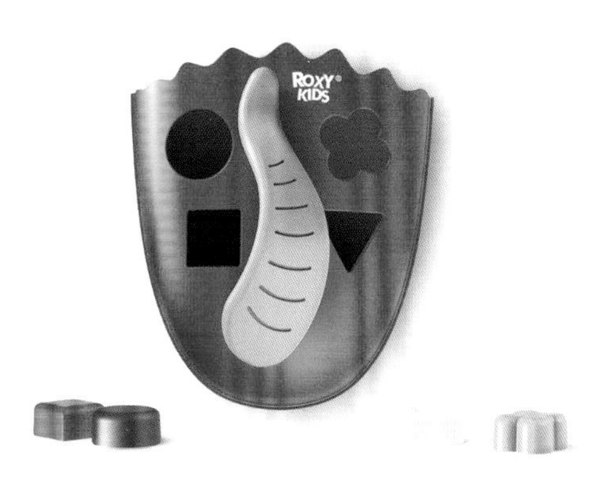

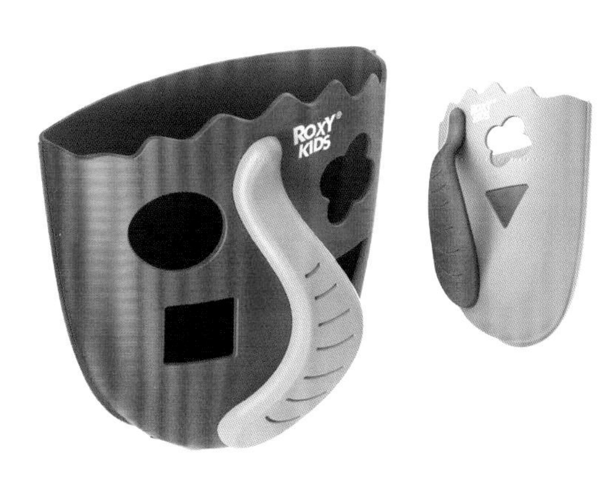

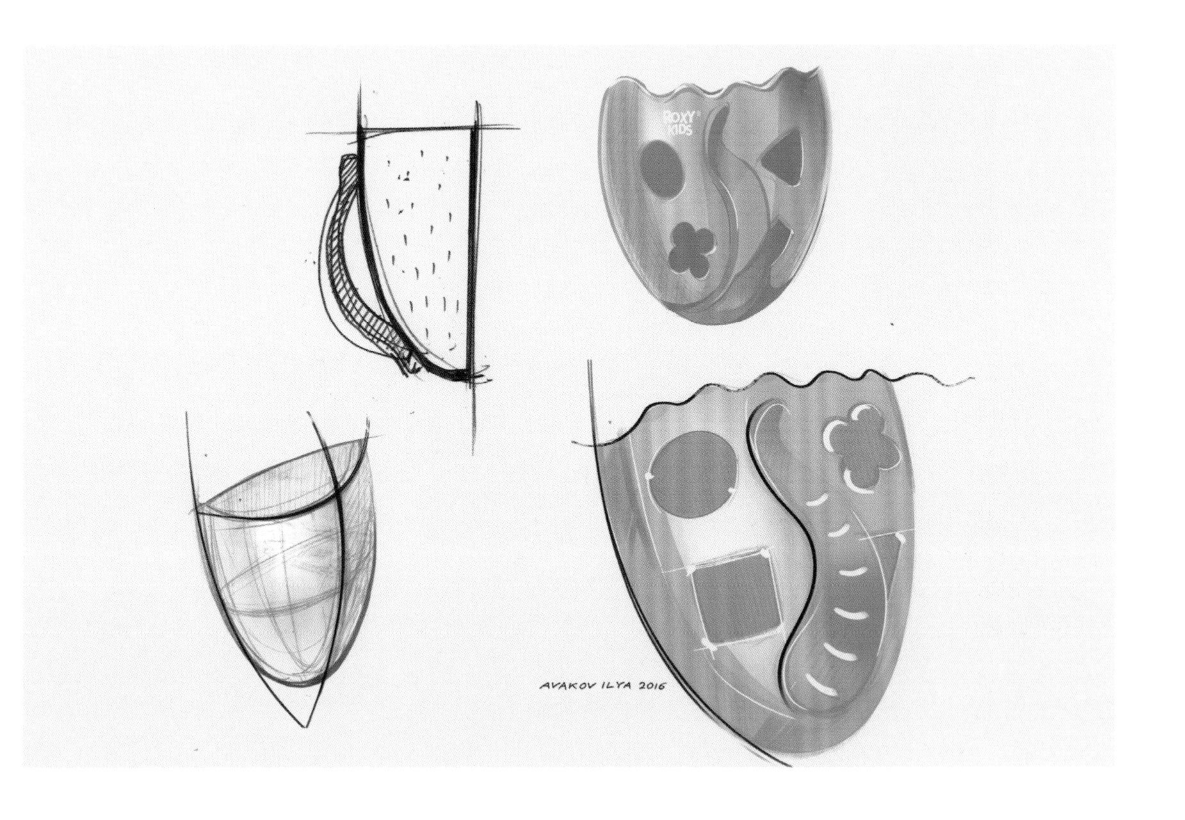

客户 / Roxy-Kids 儿童产品部　**国家** / 俄罗斯

儿童纸巾盒

设计机构 / Junpei Haga
销售网站 / www.jum.thebase.in

“Mimi”是一款纸巾盒，可以与任何类型的生态纸巾和普通纸巾（通常市面上可以买到的）、口袋纸巾和纸抽搭配使用。它是一个考虑到全球环境问题（生态）的保险箱，对人类和地球都十分温和，具有柔软的特点。

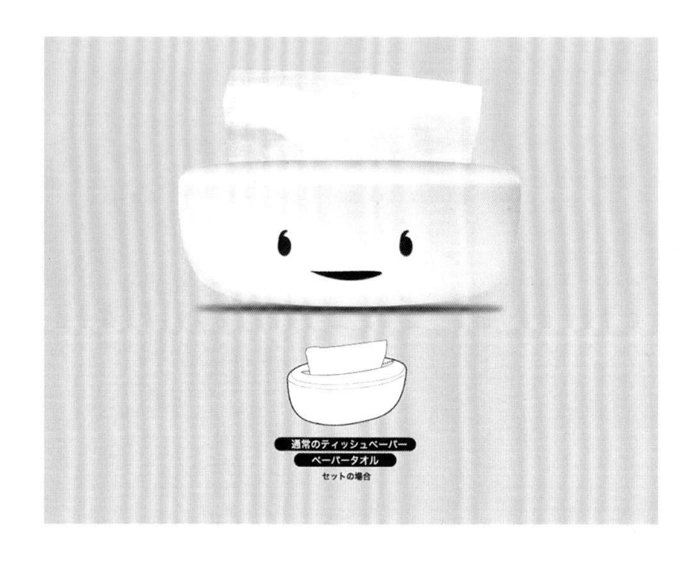

设计师 / Junpei Haga　**国家** / 日本　**获奖信息：** 儿童产品设计大奖 2017

环保半张纸巾的制作方法！

制作环保半张纸巾超级简单！！！将市售抽纸巾剪成两半即可。
熟练掌握下面的方法，2～3分钟就可完成！

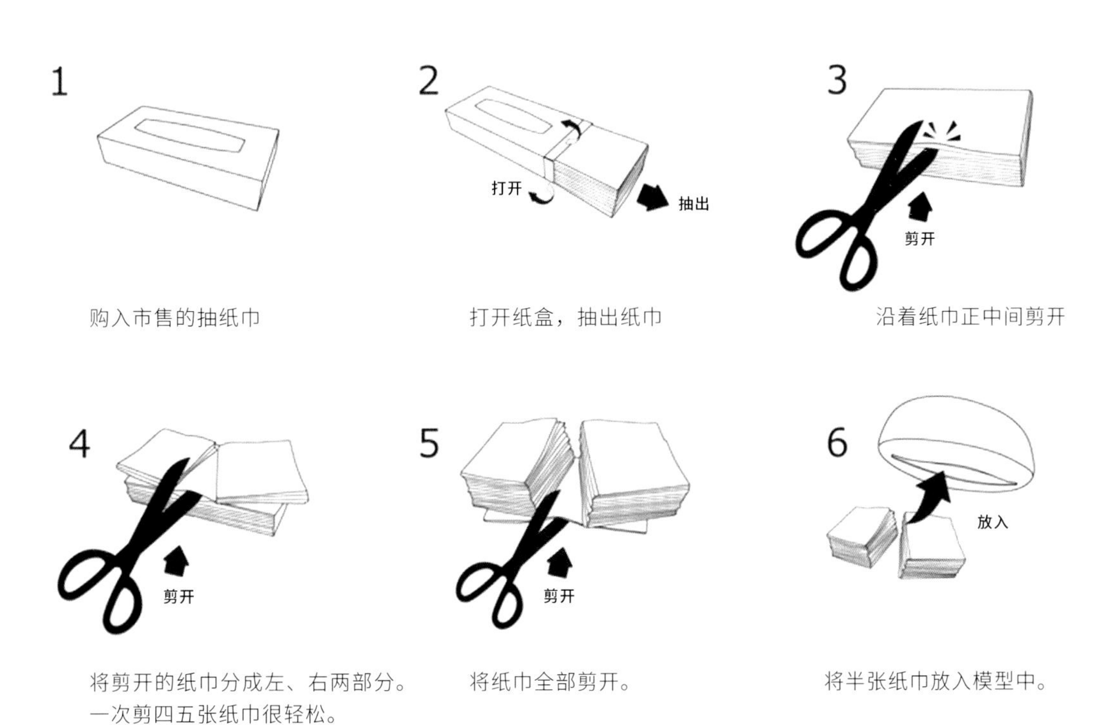

1 购入市售的抽纸巾

2 打开纸盒，抽出纸巾

3 沿着纸巾正中间剪开

4 将剪开的纸巾分成左、右两部分。一次剪四五张纸巾很轻松。

5 将纸巾全部剪开。

6 将半张纸巾放入模型中。

※ 更详细的制作说明请参看商品包装内的说明书。

环保半张纸巾
组合方式

标准纸巾
组合方式

新生儿柔顺保湿洗发露和沐浴露

设计机构 / 好孩子（中国）商贸控股有限公司
销售网站 / https://www.haohaizi.com/product-6144.htmlproduct-6144.html

我们珍惜大自然的恩赐和万物的规律。所以我们选择了世界各地的本土植物，以智慧而巧妙的方式提取植物精华，为宝宝的皮肤提供温和细致的呵护。最后，我们找到了一个既能满足时尚要求，又能满足实用性和安全性要求的解决方案。神奇的泵头保证了每次按压泵出的量非常适合新生儿使用，同时避免了污染瓶中的液体。

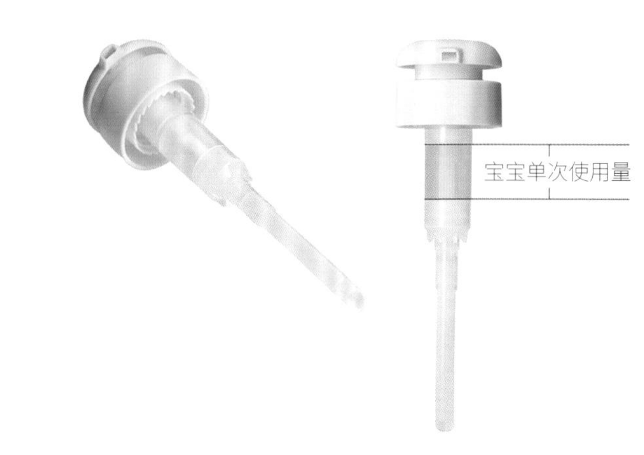

创意总监 / Nicola Jiang　　**设计师** / Chen Peng　　**客户** / 好孩子（中国）商贸控股有限公司

新生舒润玉米爽身粉
New born powder
新生舒润多效护理霜
New born repair cream
生舒润倍润面霜
New born cream

新生舒润玉米爽身粉
新生舒润
护臀膏
新生舒润
身体保湿乳
新生舒润
洗发沐浴乳
植物精粹
新生舒润
亲肤按摩油
新生舒润多效护理霜
生舒润倍润面霜

CANA 洒水壶

设计机构 / Pars Pro Toto
销售网站 / Pars Pro Toto 事务所

有着标志性和创新性的有趣洒水壶设计。可用于浴缸、家中、海滩或花园。

不同的两端可以喷水或倒水，刺激精细的运动技能发展，为您的孩子提供加倍的乐趣。

客户 / Quut 玩具公司　国家 / 比利时　获奖信息 /2017 红点设计奖

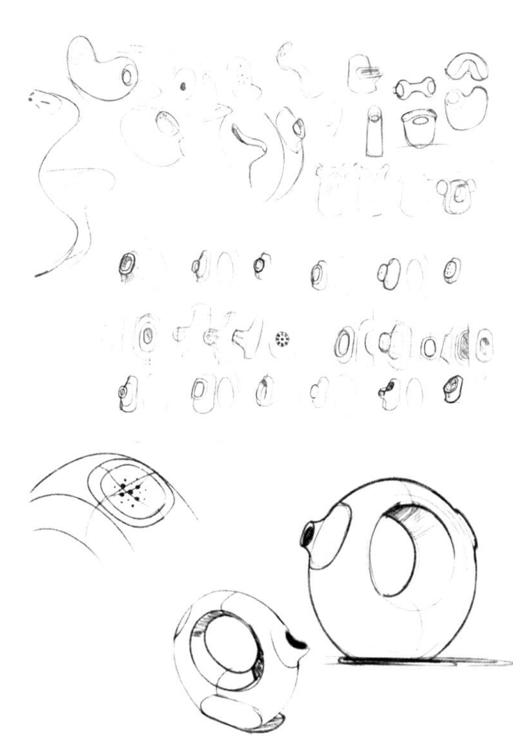

潜水艇

设计机构 / Héctor Serrano 工作室

这是一艘用来存放浴室必需品的陶瓷潜水艇。潜艇分为四个部分，便于清洗。内部磁铁确保它们是连接的。潜水艇配备了牙刷架、沐浴液瓶，一个放棉签的大盒子和一个放发绳的小盒子。设计的最大挑战是在不影响功能的前提下，以自然的方式分配牙刷架、沐浴液瓶和收纳盒等不同物品。沐浴液瓶设计参考了潜望镜的概念，使得设计师又想到了潜艇的概念。由于水是潜艇和浴室的共同元素，所以设计效果非常好。作为额外的功能，产品还添加了内部磁铁，帮助模块固定位置。橡胶漆表面给人以柔和的感觉。

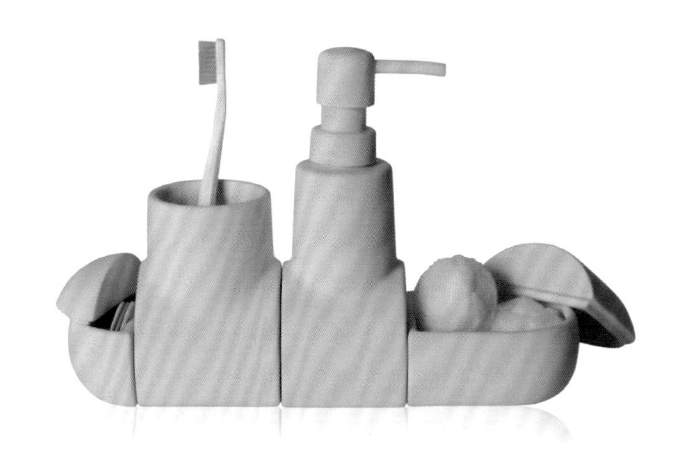

客户 / Seletti

国家 / 西班牙

“东京种子”的 500 色彩铅笔

设计机构 / monogoto.inc
销售网站 / www.felissimo.co.jp/int/contents/500/

这款名为“东京种子”的 500 色铅笔的设计旨在激发每个人的创造力，不管他们住在哪里，说什么语言，年龄多大。这个通用产品的独特之处在于它的色号、色彩名和四棱柱造型。所谓的“红色系”包含了十多种不同的红色。系列中没有“红铅笔”这样的名字，而是“新自行车”“享受的时光”等。我们希望孩子们认识到地球上存在着丰富的色彩，发现多样性的美，在生活中发挥他们的想象力和创造力。

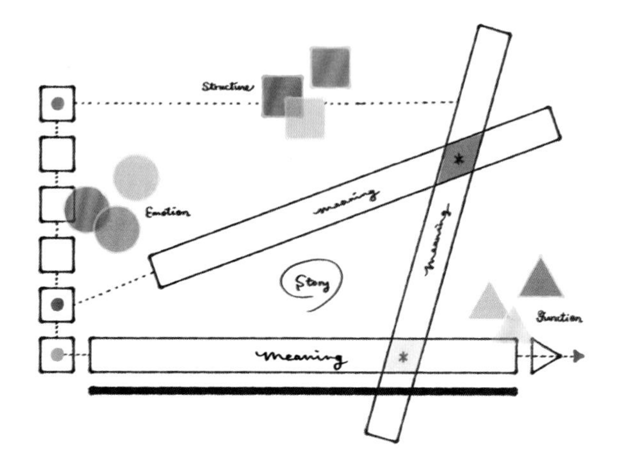

设计师 / Felissimo&monogoto　**客户** / Felissimo Corporation　**国家** / 日本

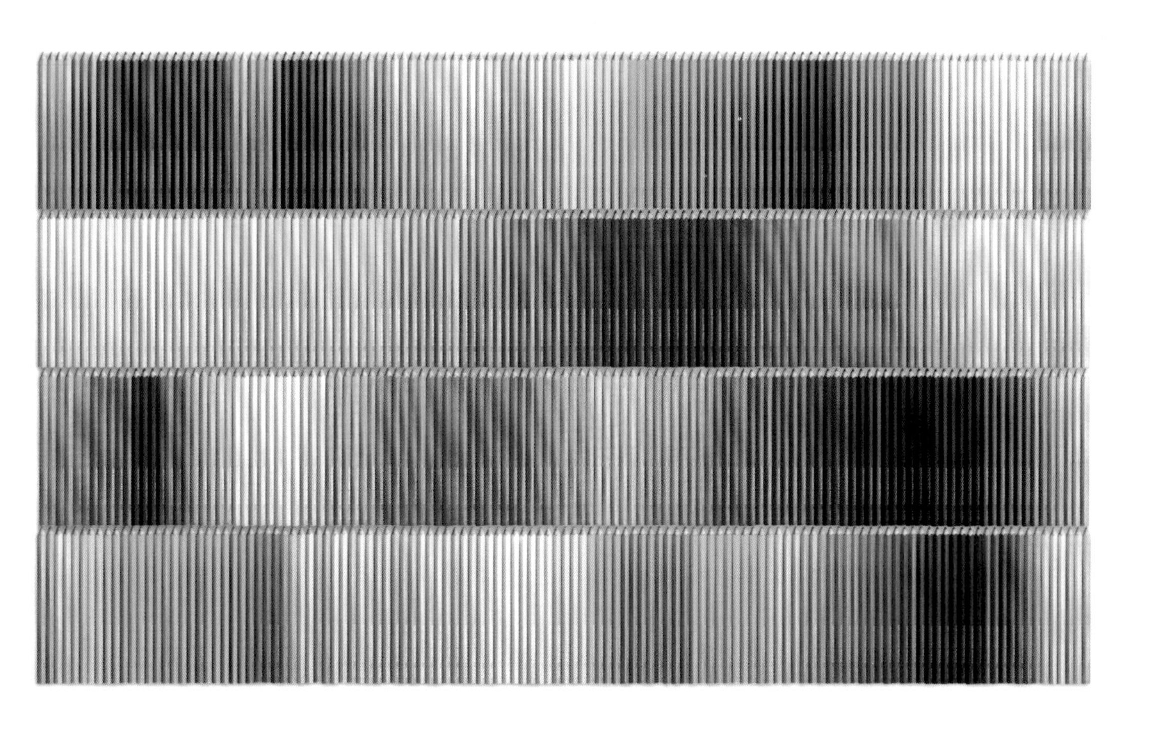

GLIFO 书写工具

设计机构 / UNICO 事务所

Glifo 是一款通过 3D 打印技术实现的，质量轻、可定制的书写工具。它使患有大脑和身体疾病的人能够通过正确的姿势自由地书写和绘画。它的设计不会刺激手部内侧，因而不会影响物理治疗的进程。这个项目的目标是能够在家中和学校进行身体康复，从而提高这些儿童的社交技能。Glifo 这类为残障儿童设计的工具同样满足审美需求。

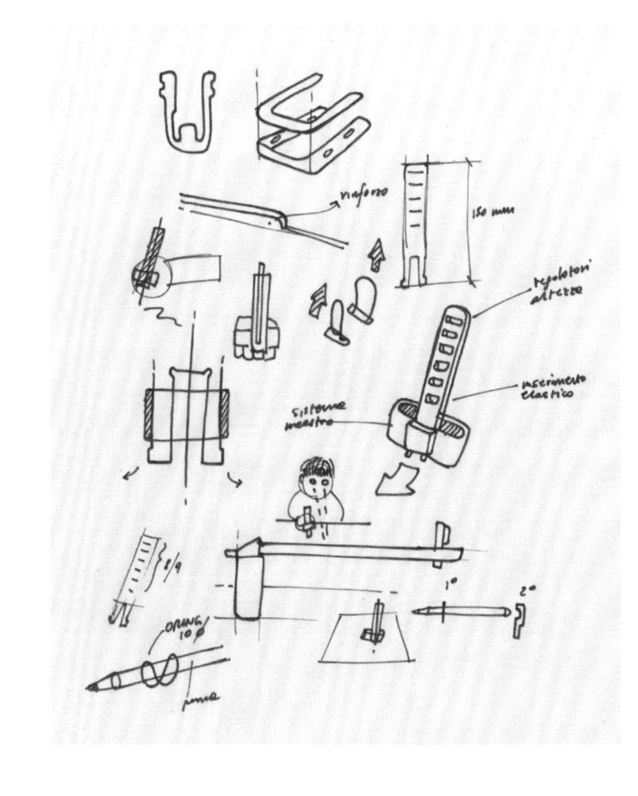

设计师 / Luca Toscano, Sara Monacchi, Andrea Pelino, OpenDot (www.opendotlab.it)

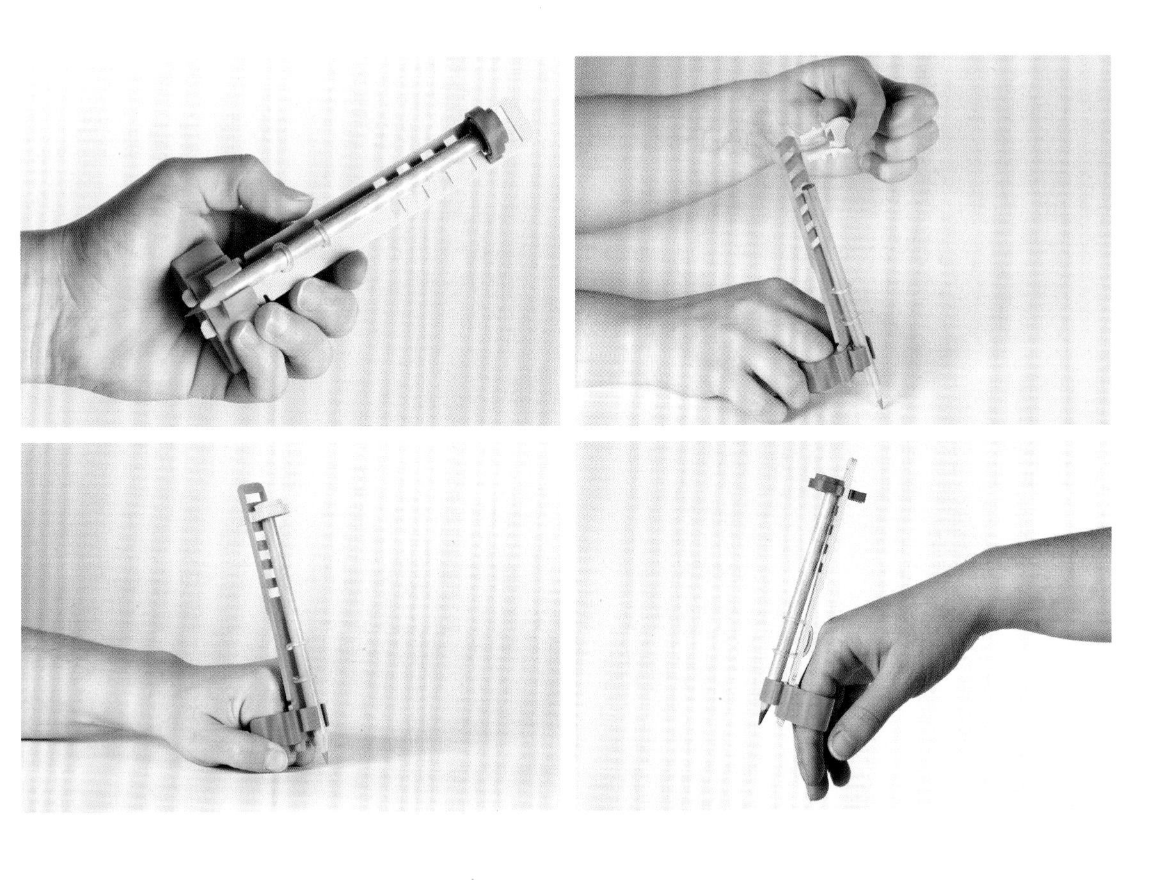

un!co
GLIFO
tool assistivo per la disabilità

ZOOLERS* 系列尺子

设计师 / Huan Nguyen, Jonathan Torres
销售网站 / www.huan-nguyen.com, www.torresjonathan.com

Zoolers* 系列尺子是品牌与设计师 / 插画家 Jonathan Torres 的合作项目。它的创作仅开始于一个想法："让我们把尺子做得更有趣，这样大人和小孩使用它们时会更愉快！"

这是一组动物造型的尺子，图案色彩丰富。总共有 5 个动物形象 —— 长颈鹿、鳄鱼、章鱼、蜗牛和大象 —— 未来可能会开发其他动物造型。这些尺子采用塑料模切技术，然后用丝网印刷将图案印在上面。这一系列产品被命名为"Zoolers"，每个动物都有一个名字和一个背景故事，还有各自的包装设计。

摄影 / Huan Nguyen　**国家** / 美国　**获奖信息** / 第 96 届 ADC 年度学生奖——优异奖

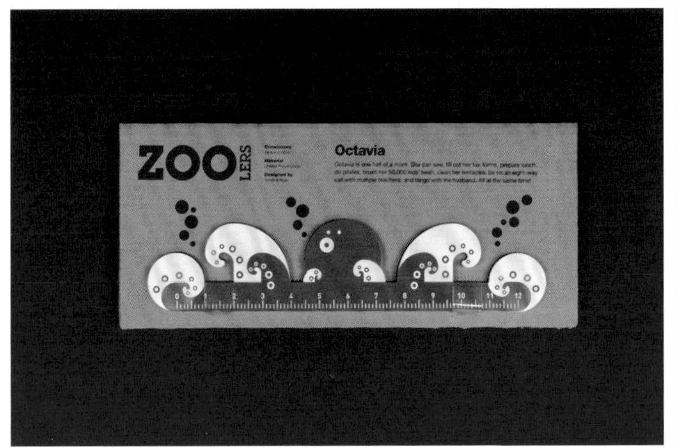
ZOO
LERS
Octavia

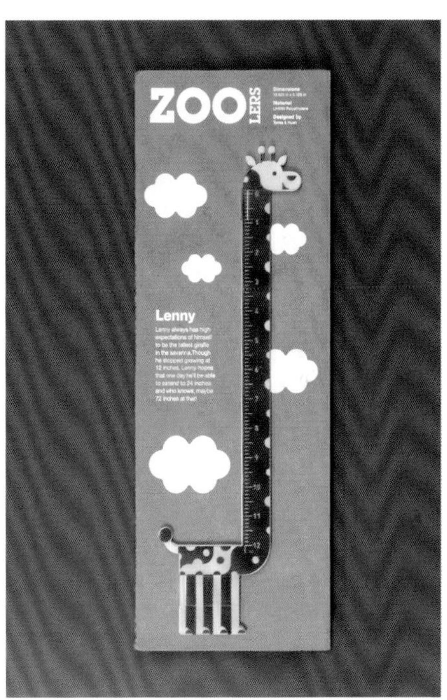
ZOO
LERS
Lenny

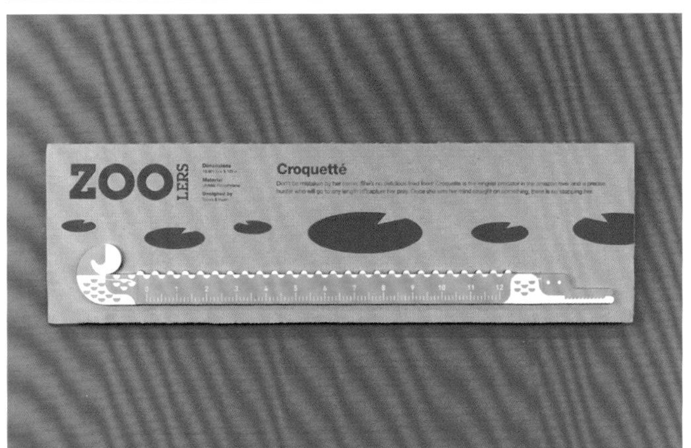
ZOO
LERS
Croquetté

ZOO
LERS
Snelly

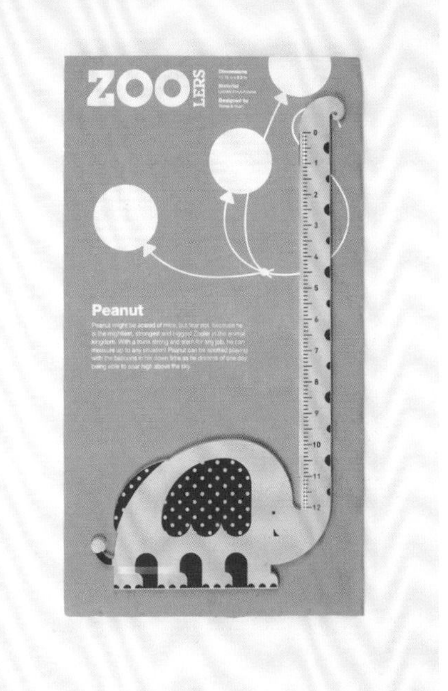
ZOO
LERS
Peanut

平衡板

设计机构 / 邦尼山
销售网站 / www.bunnyhill.ru

平衡板是一种软木表面的弯曲木板，有助于发展儿童的前庭器官，同时训练平衡感和想象力。邦尼山平衡板不仅是一件非常实用的玩具，也是一个时尚元素。设计师选择了谨慎的色彩方案，同时符合品牌的环保、风格和功能等主要设计原则。

客户 / Rocker Board 平衡板　**国家** / 俄罗斯

平衡船

设计机构 / 邦尼山
销售网站 / www.bunnyhill.ru

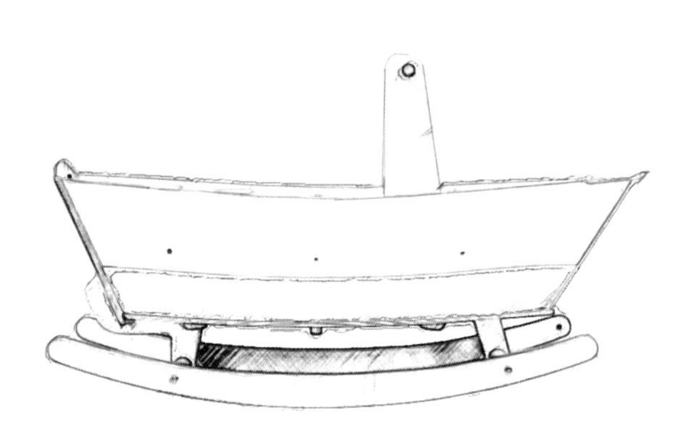

平衡船的设计受到斯堪的纳维亚设计风格的启发，它有两个主要部分：极简主义和功能性。在所有的邦尼山产品的设计中，设计师都努力打造宽敞的空间，不让复杂的元素喧宾夺主，尽可能留下干净、自由、不被填充的空间。设计师偏爱完全环保的材料。使用天然木材打造简洁感的同时，塑造坚固、稳定的设计与平滑的线条。

平衡船有两种颜色可选：清冷的北极白和感官与情感体验更丰富的浅绿松石色。

客户 / Rocking Boat 平衡船　　**国家** / 俄罗斯

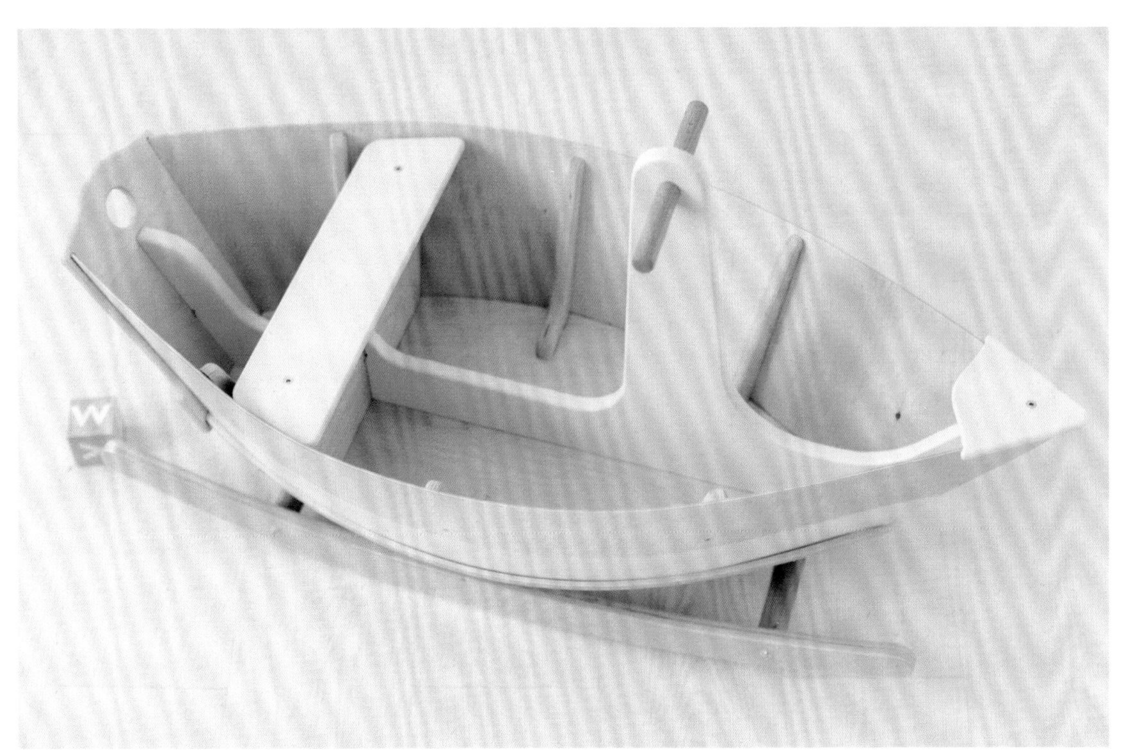

MEMOLA 多感官摇篮

设计师 / Agnieszka Polinski
销售网站 / www.Memola.eu

Memola 是一个多感官的摇篮，从多个方面促进儿童的发展。透明的侧板让宝宝可以趴下，摆动身体，同时观察周围的环境。这个设计也因此起到鼓励宝宝独自抬头，与周围环境互动的目的，从而增强颈部肌肉和平衡技能，促进运动系统发育。这款摇篮可以改装成一个篮子，或者是一个秋千，以便它可以陪伴孩子一段较长的时间。

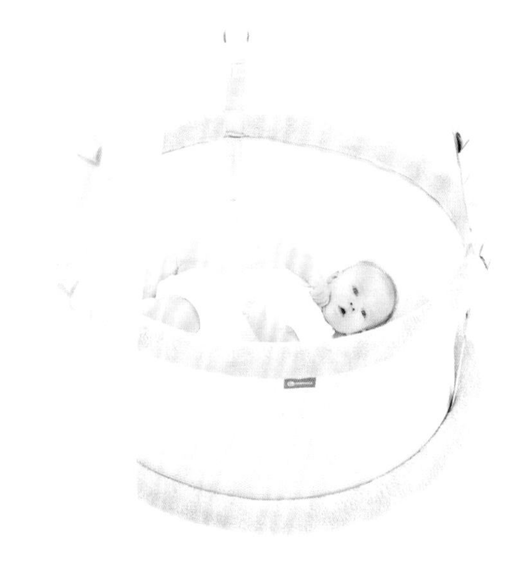

客户 / Wiczuk-Polinski Sp.z.o.o.　**国家** / 波兰、德国　**获奖信息** /2017 红点设计奖荣誉奖

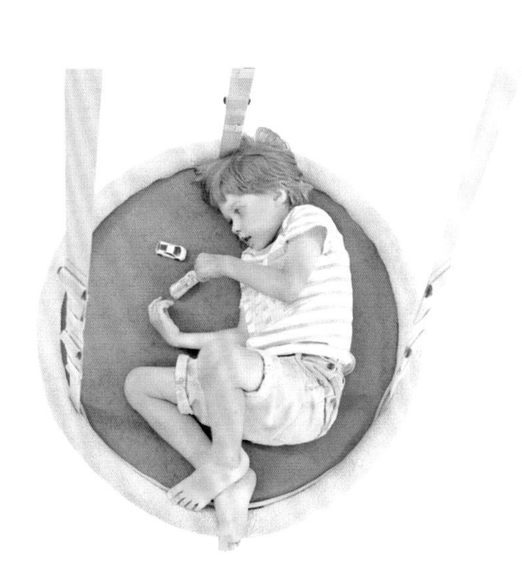

婴儿洗澡沐浴圈

设计机构 / Eliasdesign 事务所
销售网站 / www.roxy-kids.ru

产品上有趣的图片帮助宝宝学习动物和颜色。

沐浴圈考虑了婴儿的生理特点。圆形内缝光滑，避免压迫、划伤颈部，同时紧贴颈部，避免对新生儿脆弱的颈椎造成损伤。

创意总监 / Ilya Avakov　**设计师** / Kseniya Petchenko　**客户** / Roxy-Kids 儿童产品部

经典三八旺儿童家具

设计机构 / Trigger Design 有限私人贸易公司
销售网站 /www.triggerdesignstudio.com

“经典三八旺”是一组户外儿童摇摆家具，灵感来自设计师童年在“kampong”即农场的生活经历。在 20 世纪 70 年代早期，新加坡有很多农田、池塘和种植园。那时，农场动物和手工制作的木制物品就可以带来简单的乐趣。随着新加坡这些年的发展。设计师想通过有趣、愉悦和精心制作的元素来分享她的一段回忆，比如一张操场上的户外座椅，为年轻一代带来微笑。

这些家具使用环保再生木材 Heveatech® 打造，不仅具有耐候性，能够防白蚁，非常耐用，超强的尺寸稳定性，是制作户外家具的理想材料。

设计师 / Chan Wai Lim　　**客户** / Samko 木材有限公司　　**国家** / 新加坡

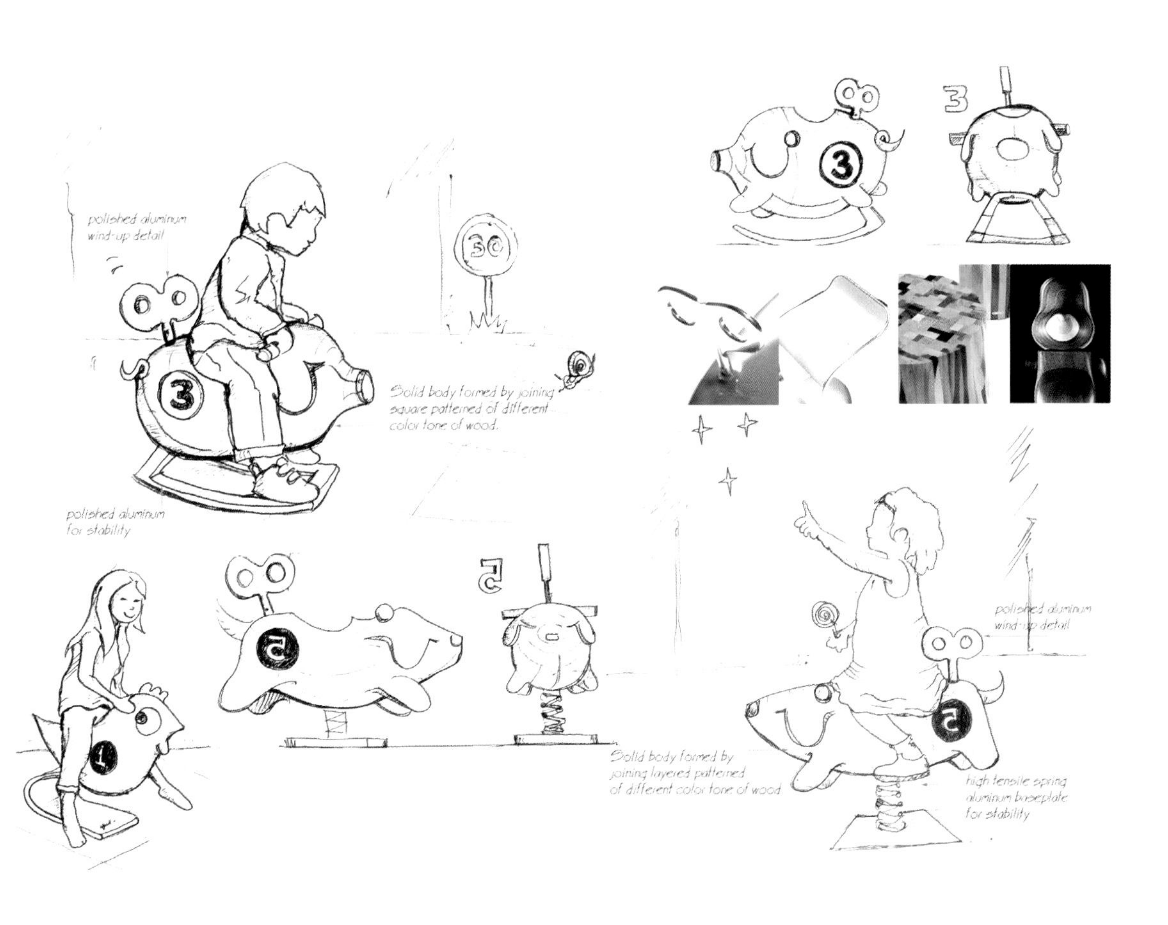

polished aluminum wind-up detail
Solid body formed by joining square patterned of different color tone of wood.
polished aluminum for stability
polished aluminum wind-up detail
Solid body formed by joining layered patterned of different color tone of wood.
high tensile spring aluminum baseplate for stability

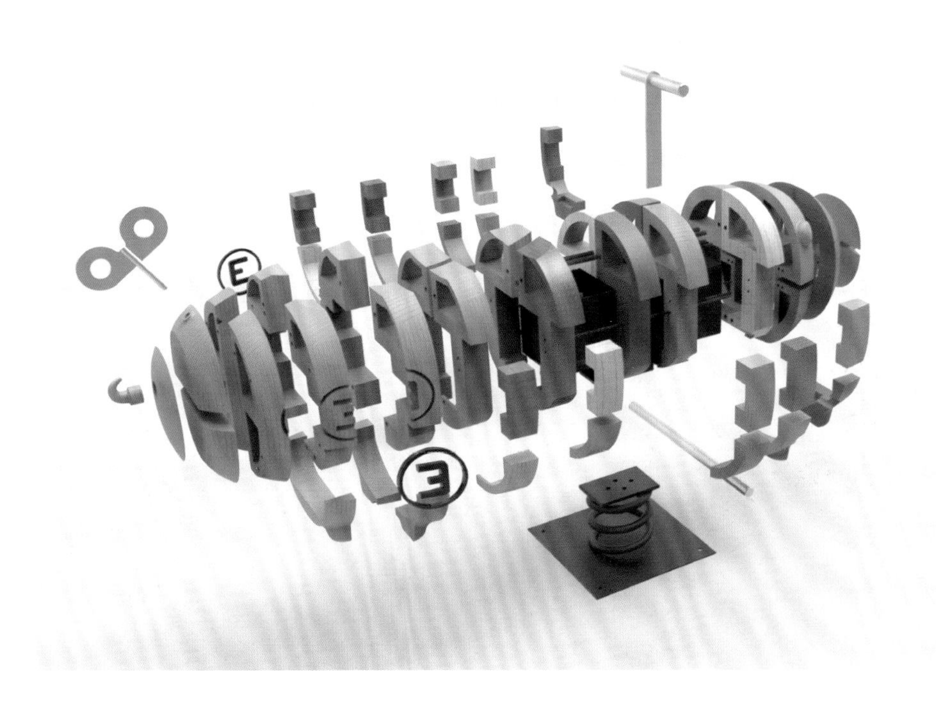

MAGLIGHTER 磁性拼插玩具

设计机构 / Magneticus
销售网站 / www.magneticus.ru

MAGLIGHTER 是一款有超多种变换方式的儿童玩具。

这款发光的磁性拼插组件由 21 个塑料部件组成，包括电池上的中央发光细节。不必等到天黑，便可以欣赏到漂亮的光辉。机器人可以吸附在磁性表面，例如白板或冰箱上。Kibera 基贝拉关节具有较大的灵活性，产品采用的是高质量的塑料和内置磁性物质。

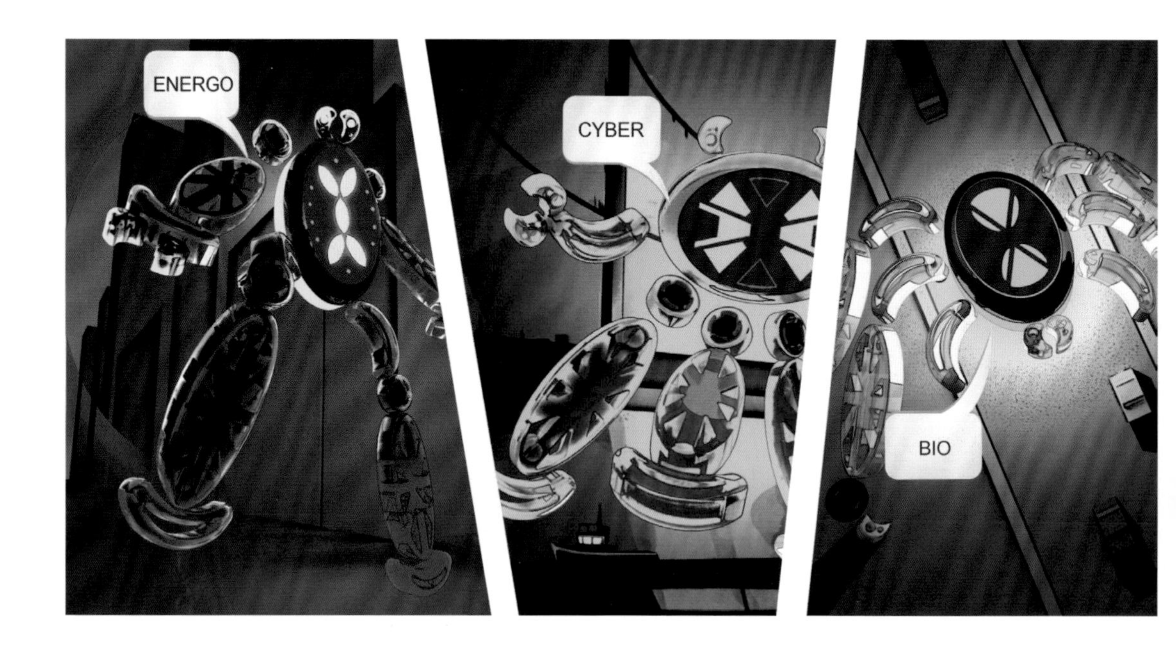

设计师 / Ilya Avakov
摄影 / Ilya Avakov
客户 / Magneticus

magneticus
МАГЛАЙТЕР
21
6+
СОЗДАЙ СВОЕГО ВОИНА! СБОРОЧНАЯ ПЛОЩАДКА ВНУТРИ
БИО

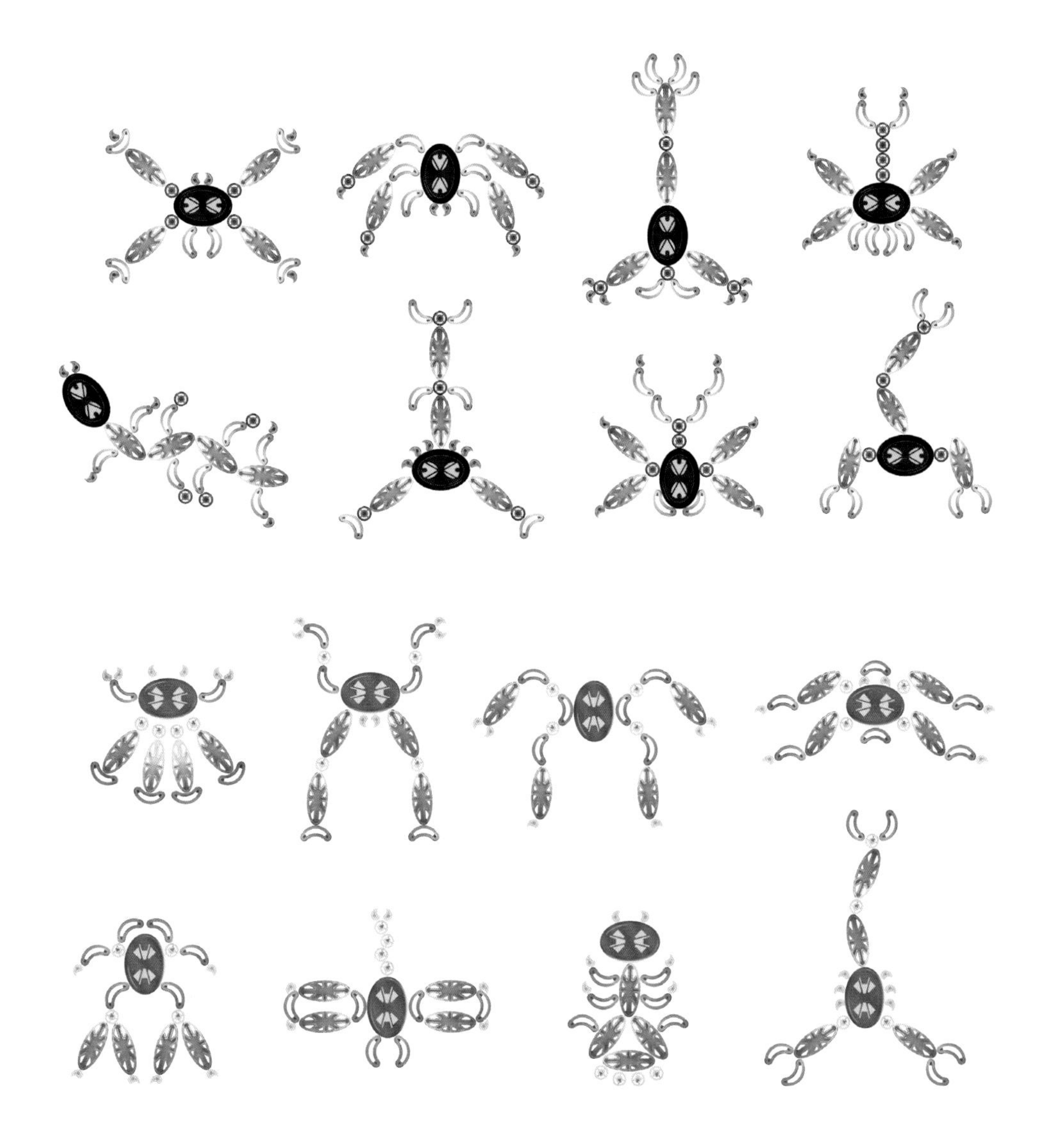

磁性马戏团

设计机构 / Magneticus
销售网站 / www.magneticus.ru

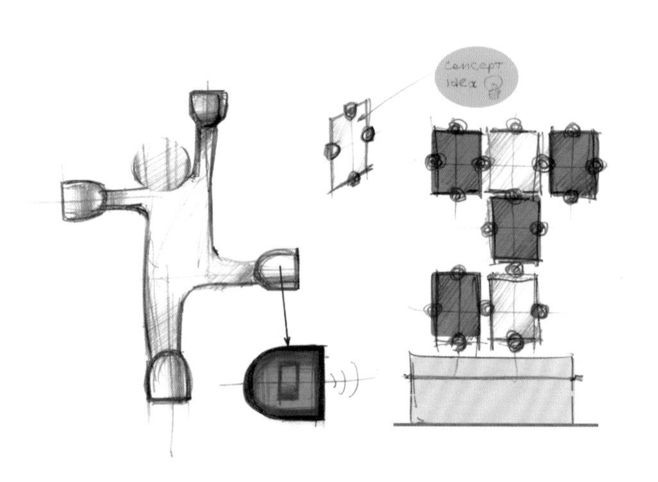

“磁性马戏团”是一个不寻常的玩具设计。所有的孩子、小丑和动物都藏在一个明亮的锡盒里。塑料人物有磁性固定设计。把它们的手均匀地放在头上 —— 就变成了在舞台上自信的样子。磁性马戏团是一个充满惊喜的盒子。圆盖就是特技表演、魔术和赛马的场地。用这个你家中的马戏团编一些故事。把人物连接到花式“炮塔”上，帮助孩子感受并理解平衡。

设计师 / Ilya Avakov　摄影 / Ilya Avakov　客户 / Magneticus

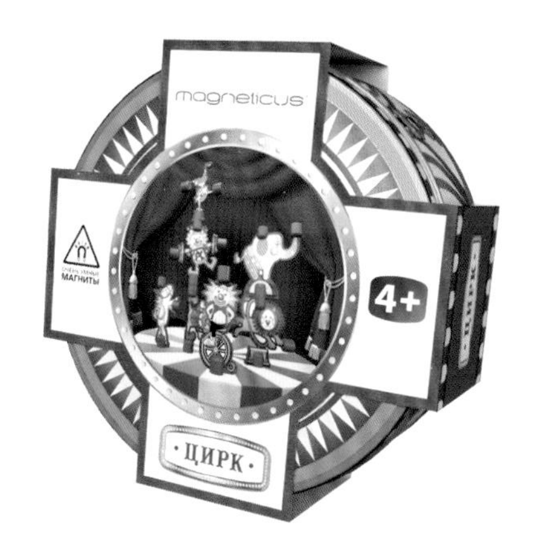

易于存放

舞台背景

当你搭建
人物时注意
保持平衡

磁性积木

设计机构 / Magneticus
销售网站 / www.magneticus.ru

磁性积木婴儿玩具。这些磁性立方体有许多优点。获得专利的系统磁性设计使得连接积木简单易行。积木块立方体的所有边都能相互作用。磁铁位于积木内部。这款设计旨在开发运动技能，让使用者探索几何形状和颜色，发展创造性思维。

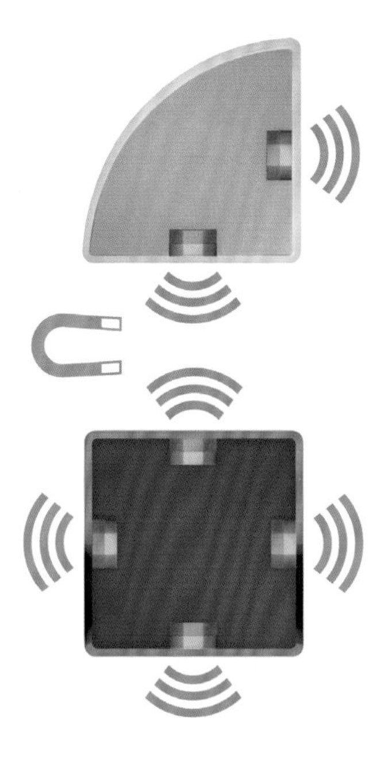

设计师 / Ilya Avakov　**摄影** / Ilya Avakov　**客户** / Magneticus

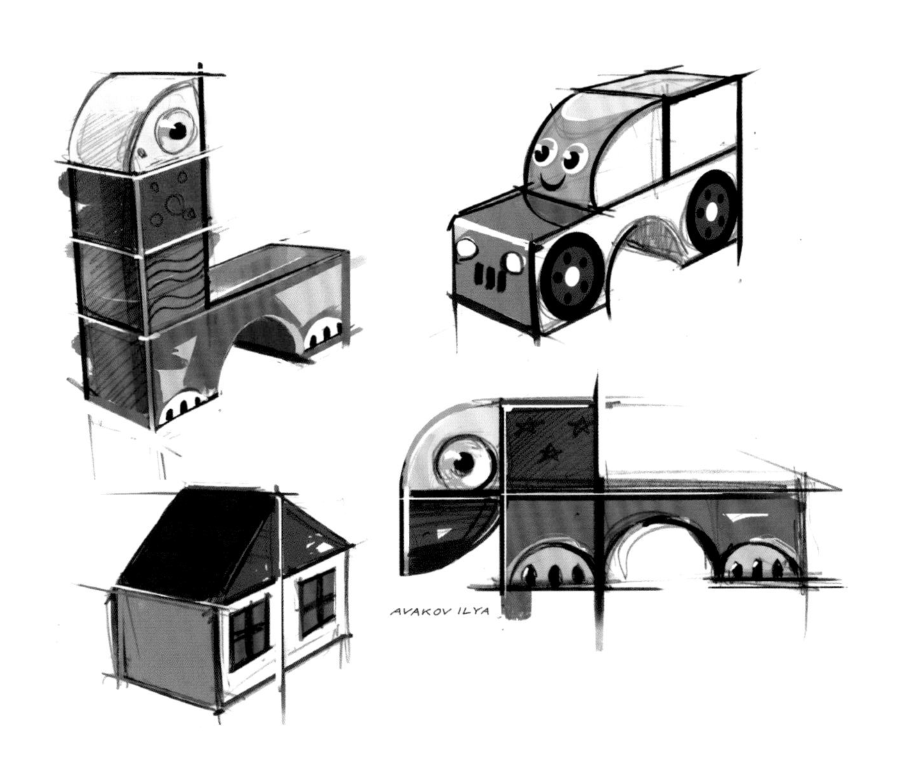
AVAKOV ILYA

ALTO 玩沙工具

设计机构 / Pars Pro Toto 事务所
销售网站 / www.quuttoys.com

Alto 是一个由三部分组成、符合人体工程学设计的玩具，其灵感来自于专业的沙匠。它的大、中、小组件可堆叠，可以让孩子们轻松完成多层的沙子结构，这些坚固的结构可以保持数分钟，而不会塌散。有了 Alto，堆沙子不再需要一堆大小不同的桶……你只需要填满沙子，把沙子压紧然后堆砌，你的多层沙塔就完成了！从一座塔到一个复杂的城堡，再到一整个沙村——Alto 让一切变得如此简单。游戏结束时，玩具的收纳设计使清理和运输都很轻松。它就是建沙房子最快最简单的方法。

客户 / Quut 玩具公司　　**国家** / 比利时　　**获奖信息** /2014 红点设计奖

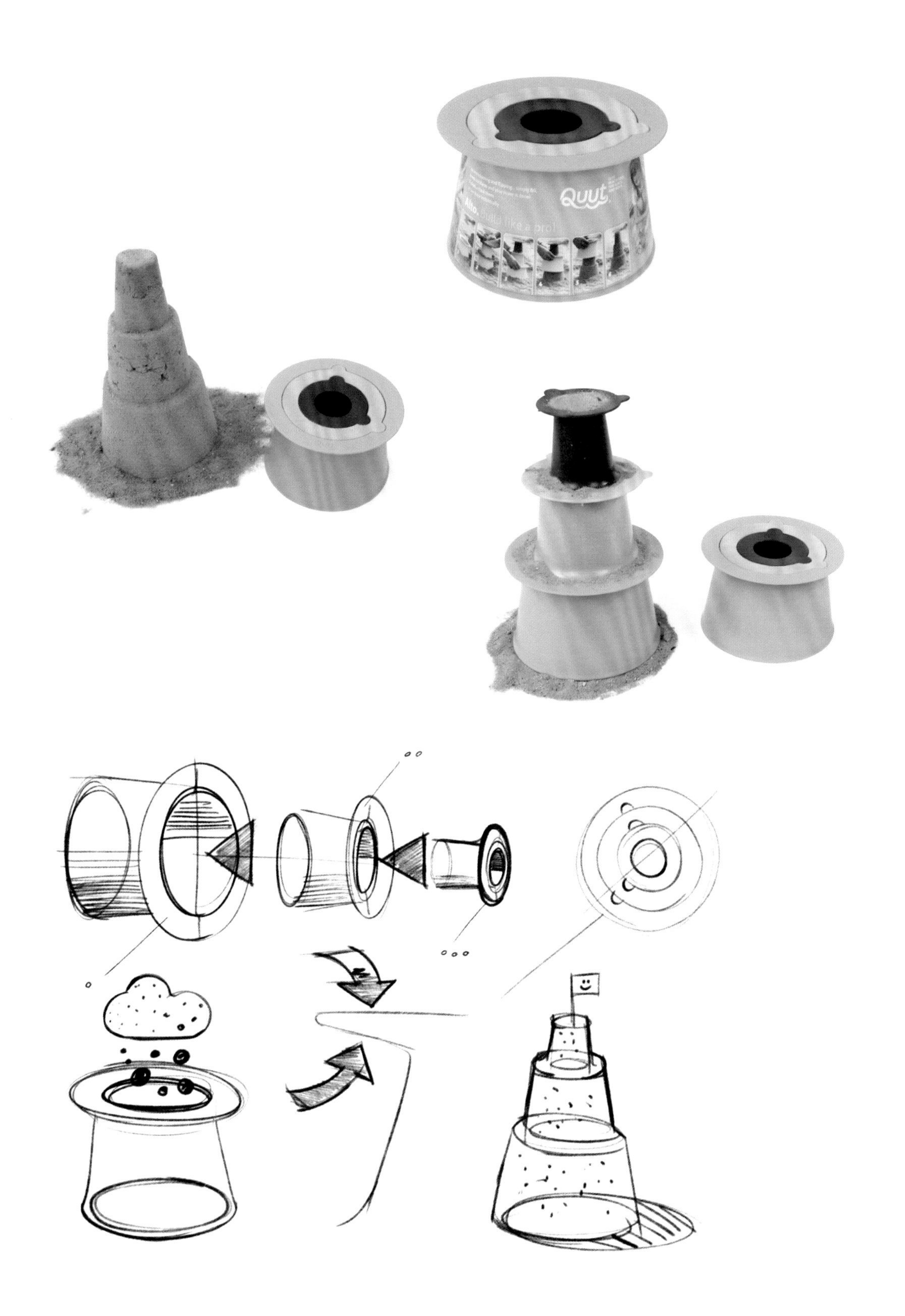
Quut

手工制作的米菲，梅勒妮和鲍里斯玩偶

设计机构 / just dutch bv
销售网站 / www.just-dutch.com

©Mercis

手工制作的玩具。设计师选用的是可爱而柔软的纯棉纱，它有着完美的厚度，与精致的针脚相辅相成，打造米菲造型的纯手工玩偶。纱线主要从越南和秘鲁的生产商那里购买，他们采用全球安全标准，使用的是经过认证的染料。荷兰的设计追求简约，从这个意义上说，Dick Bruna 迪克·布鲁纳是一个具有代表性的荷兰艺术家。这种简约的风格也是米菲手工玩偶的特点。迪克·布鲁纳的故事和他的作品中的颜色都是奇妙的灵感来源。其中既有白色的雏菊、沙滩条纹、郁金香，也有农民的外套和溜冰场的冰帽。米菲的朋友们也很丰富多彩。

All clothes
are crocheted
by the disabled.

设计师 / Carin Derks　　**插画** / Dick Bruna© copyright Mercis bv, 1963

We are wearing clothes with cheerful beach stripes,

and clothes with Dick Bruna flowers.

All of our clothes
are handmade too.

CHINEASY TILES 桌游

设计师 / Ling-Wen Yen
销售网站 / Chineasy.com

Chineasy 彻底改变了人们学习汉语的方式。基于其屡获殊荣的设计，Chineasy 推出了新产品 Chineasy Tiles，任何人都可以通过玩游戏来学习普通话。有了 Chineasy Tiles，孩子们可以神奇地变得富有创造力并获得乐趣。Chineasy 与语言学习者和教育机构进行了测试，以确保这款产品符合严谨的教育理念，同时具有设计美学的吸引力。Chineasy Tiles 旨在培养新的想法和体验，增强社交、情感和发展技能。

创意总监 / ShaoLan　　插画师 / Noma Bar　　国家 / 英国

肉
meat
本
foundation/origin
火
fire
林
woods
sun/day
dollar
月
moon/month
mouth

Chineasy
TILES
CHINESE!
PLAY TO LEARN CHINESE!
For both simplified and traditional Chinese 简繁通用 簡繁通用
Chineasy®
TO LEARN CHINESE

CHOMP 食物链拼图

设计师 / Mirim Seo
销售网站 / www.mirimseo.com

这套系列图书的设计是为了向孩子们教授有关基本食物链的知识。

每个拼图都介绍了森林、海洋、北极、丛林和沙漠等环境中不同层次的食物链。所有的食物链都包括生产者、消费者和分解者，每个人都在食物链中扮演着重要的角色。完成拼图后，可以清晰地看到大自然中的进食过程。

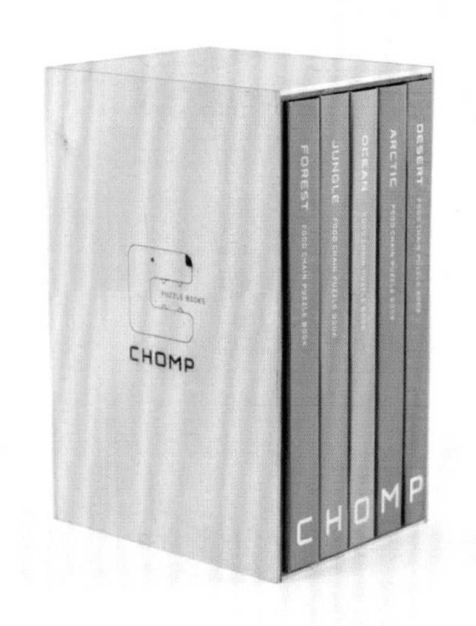

创意总监 / Kelly Holohan　摄影 / Mirim Seo　国家 / 美国

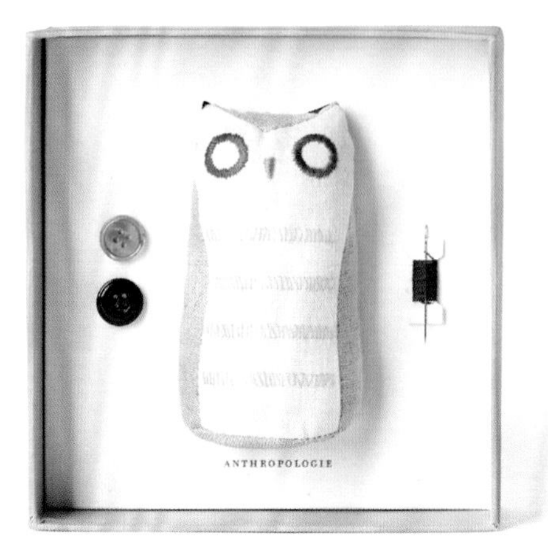

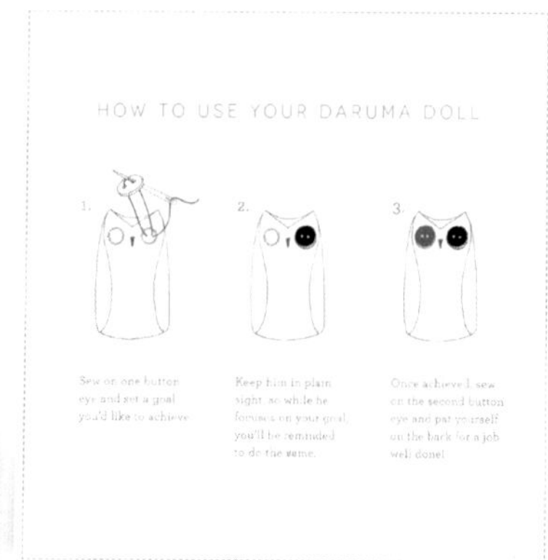

达摩吉祥猫头鹰

设计机构 / Anthropologie

Anthropologie 品牌的最优客户们收到了包装好的达摩吉祥娃娃玩偶和缝纫工具。达摩吉祥娃娃是一种日本传统的手工制作玩偶，象征着好运。收到玩偶时，人们会许一个愿望或设定一个目标，然后将给玩偶缝上一只纽扣眼睛，锁定这个心愿。一旦目标达成，就将另一个纽扣眼睛也给娃娃缝上，标志着成就。这只小达摩吉祥猫头鹰能够起到鼓励和引导的作用。

创意总监 / Carolyn Keer　　设计师 / Mirim Seo　　摄影 / Mirim Seo

KEEPING AN EYE
ON YOUR DREAMS
THE DARUMA DOLL

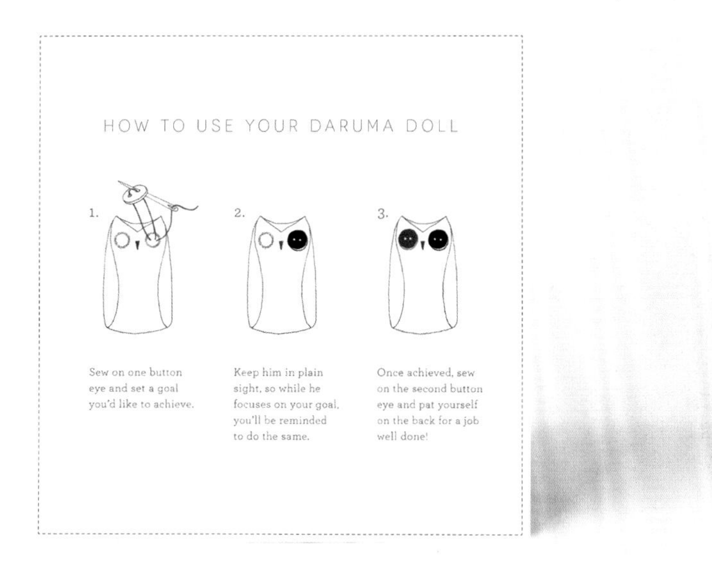
HOW TO USE YOUR DARUMA DOLL
1.
2.
3.
Sew on one button
eye and set a goal
you'd like to achieve.
Keep him in plain
sight, so while he
focuses on your goal,
you'll be reminded
to do the same.
Once achieved, sew
on the second button
eye and pat yourself
on the back for a job
well done!

MOOMBASA 木拼图

设计机构 / Denke 玩具公司

这是一款用梣木实木制成的一组野生动物图形的拼图套装。玩具的风格结合了民族主题，人物看起来十分神秘甚至有点吓人，但这就是他们的特点。

这款玩具不容易收进盒子里！按照一定的顺序排列，这些人物就构成了一个拼图。你可以建立一个稳定的金字塔，每次的造型都可以有所不同。这项活动对儿童和成人来说同样适合。这套玩具也不失为一种时髦的室内装饰。

设计师 / Daria Grigorieva Dmitrievna

国家 / 俄罗斯

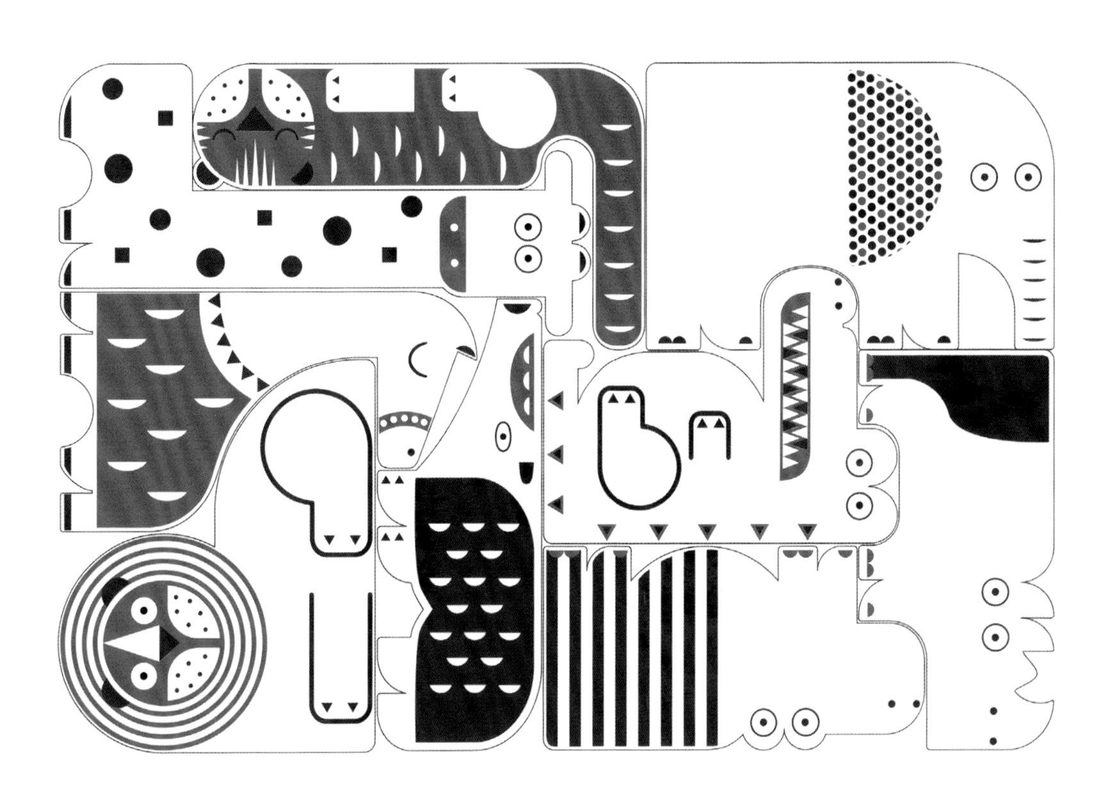

SPINDOW 学习工具

设计机构 / Umcomum
销售网站 /www.spindow.com.br

Spindow 是一款木刻的多感官、实用且有趣的英语学习工具。它展现了语言中总是重复出现的模式，以便使用者能够理解其中的逻辑，并使用规律来造句。它是一个可以应用于任何语言教学的平台。通过将单词分解成不同颜色的方块，学生 —— 无论是儿童还是成人 —— 可以用视觉的形式理解语言结构，让学习过程变得简单。

创意总监 / Camilla Annarumma 摄影 / Simone Yadomi 国家 / 巴西

KUUM 积木

设计机构 / monogoto inc.
销售网站 / www.felissimo.co.jp

这组漂亮的创新玩具积木由 12 个充满诗意故事的标志性单元组成，每个单元有 2 种颜色变化。这些积木单元可以进一步分解成 36 个不同的形状（总共 202 个），用它们可以构建出各种各样，超乎想象的造型，可以是具体的也可以是抽象的。KUUM 的设计旨在以理性和感性的方式激发孩子们的好奇心，让他们的注意力持续较长时间，并根据每个孩子独特的创造力来进行使用。积木组件体现了鹅卵石、小树枝和贝壳等丰富的日本自然元素。每个部件的长度和角度都经过仔细的计算和设计，以便在有限的 202 个部件中最大限度地增加组合的数量。产品呈现的多样性、局限性和它们预先建立起来的和谐感能够释放巨大的想象力和创造力。

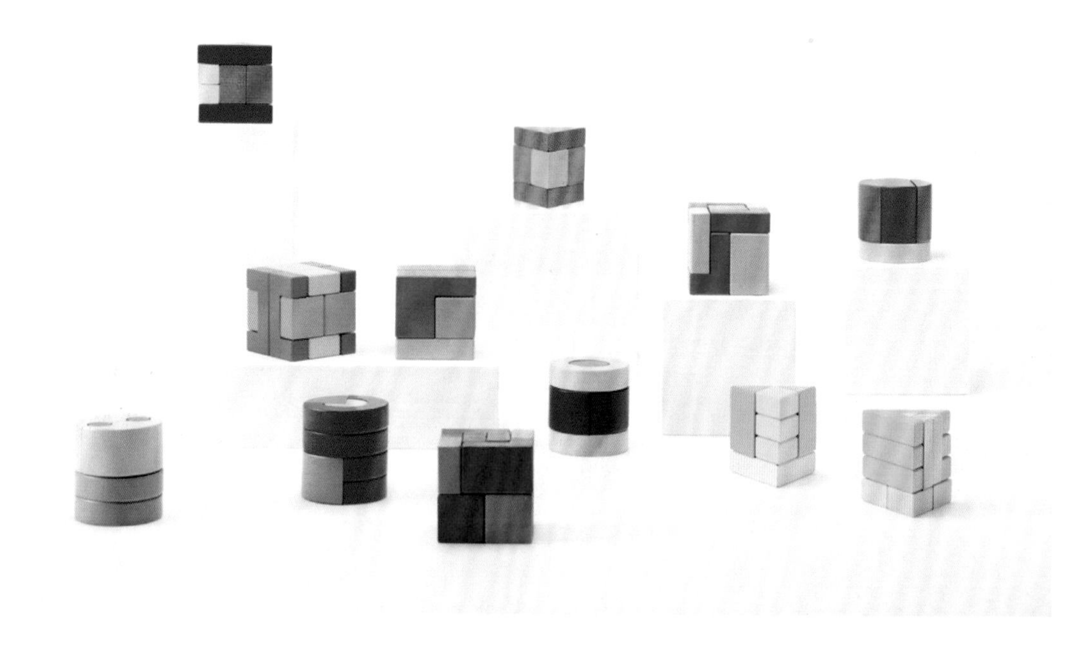

设计师 / Marie Uno　**客户** / FELISSIMO CORPORATION　**国家** / 日本

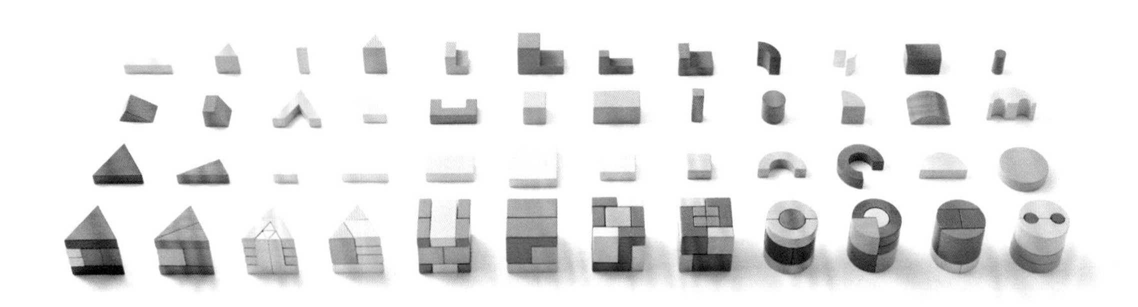

获奖信息 / 2017A’设计大奖，2017 欧洲产品设计大奖，2017IF 设计奖

方块怪物和跷跷板之战

设计师 / Francis Lin

“方块怪物和跷跷板之战”是一款适合 5 岁儿童的教学玩具。它旨在帮助孩子们理解加法、乘法、分数等简单的数学概念。通过让孩子们不断比较不同的物品，帮助他们了解物品的守恒属性，这是 5 岁孩子的一项发展目标。

摄影 / Francis Lin　　国家 / 美国

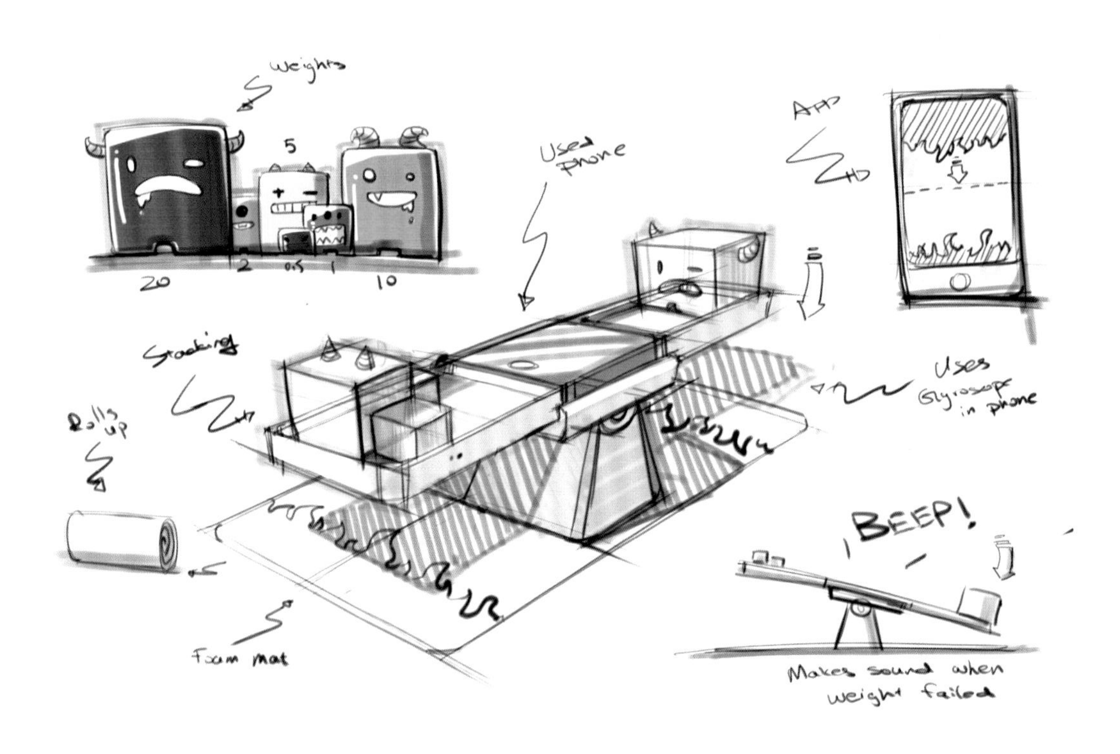
Weights
5
20
2
0.5
1
10
Used phone
App
HD
Stacking
Rolls up
Uses Gyroscope in phone
BEEP!
Foam mat
Makes sound when weight failed

Play!

LIVE 木质玩具

设计师 / Geovana Dalarosa Montagna, Heitor de Macedo Menezes, Marco Antônio Feltrin Brasil

市面上很少有玩具是为患有多重残疾的儿童以及促进包容而设计的。而这就是开发此款产品的出发点。LIVE 是一款针对 6 岁以下儿童的玩具。它拥有极简主义的设计，柔软流畅的线条，为孩子们提供安全保护。材料选用 100% 再造林，低密度木材与自然蜡面。它由 17 个部件、一个底座和一本说明书组成，旨在通过趣味性的游戏刺激运动、认知、心理发展和社会包容。

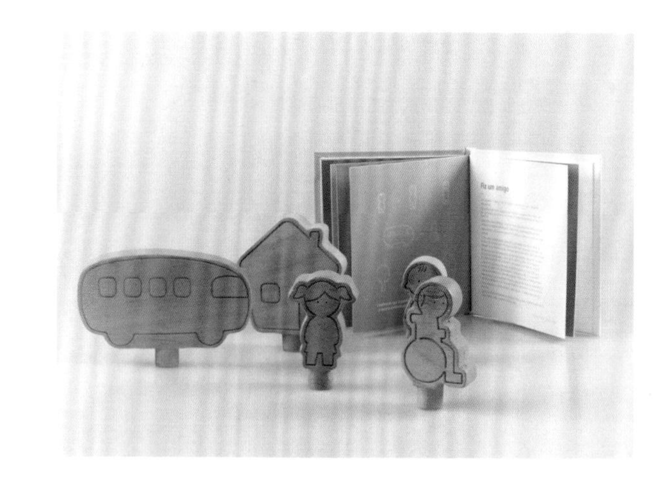

摄影 / Geovana Dalarosa Montagna, Heitor de Macedo Menezes

国家 / 巴西

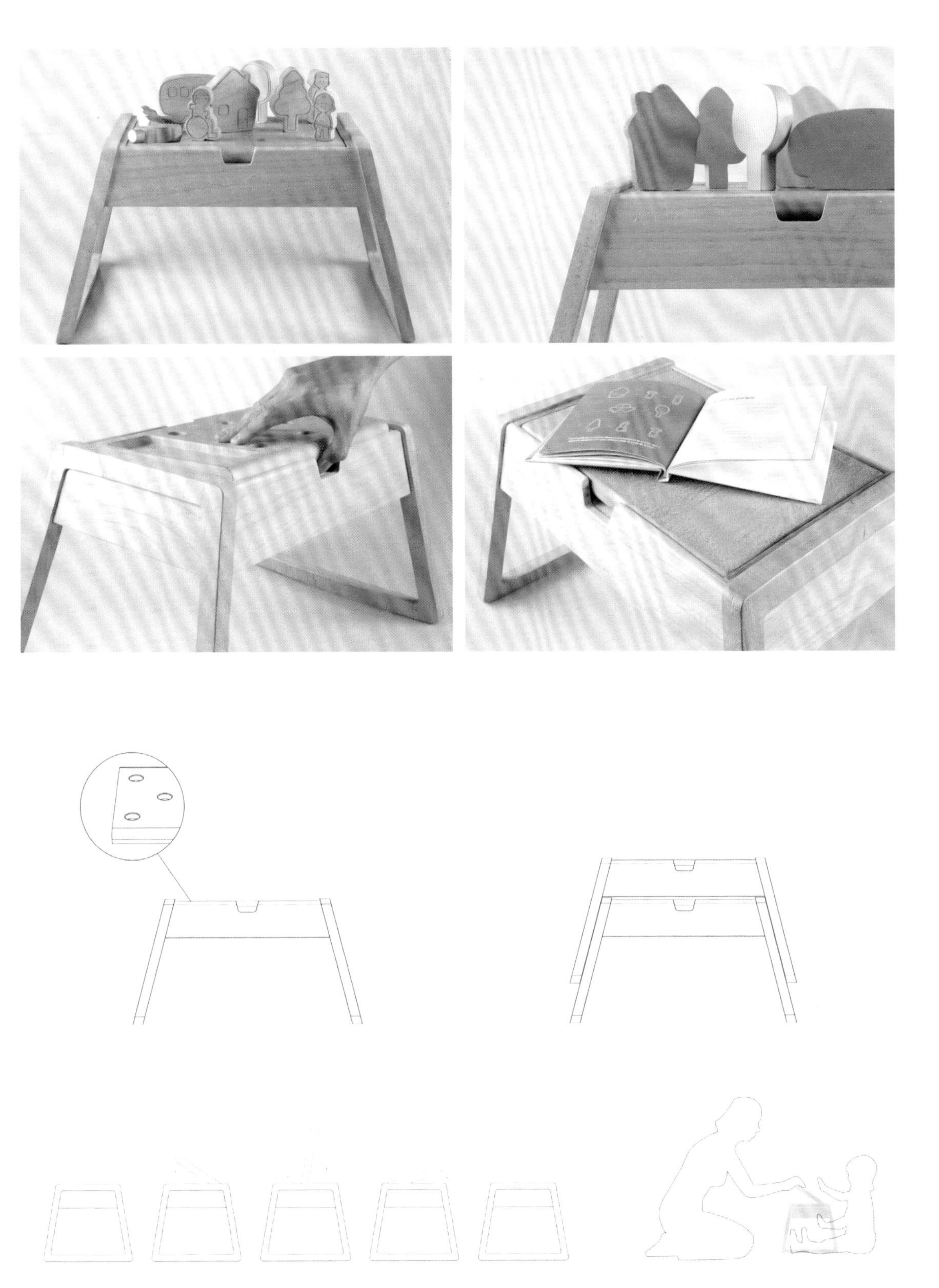

邦尼山玩具

设计机构 / Comence Studio
销售网站 / www.bunnyhill.ru

邦尼山是一家专注于儿童室内玩具和商品的网店，产品造型美观且质量佳。所有产品都按照最高的国际标准，采用环保材料制成。它们是凭着对孩子的爱和关心创造出来的，但对成年人来说也同样适合。

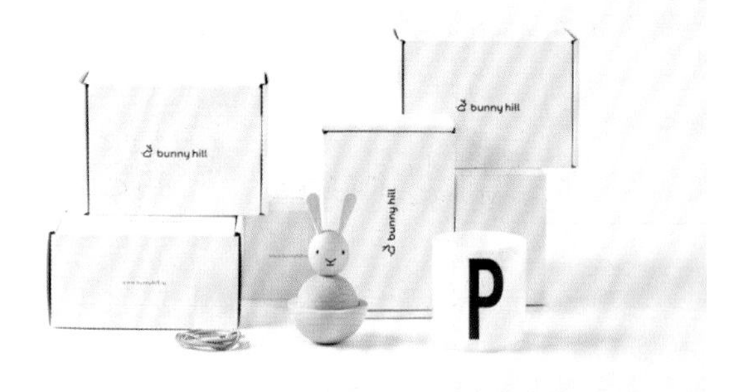

创意总监 / Pavel Emelyanov　**设计师** / Pavel Emelyanov　**摄影** / Anatoly Vasiliev

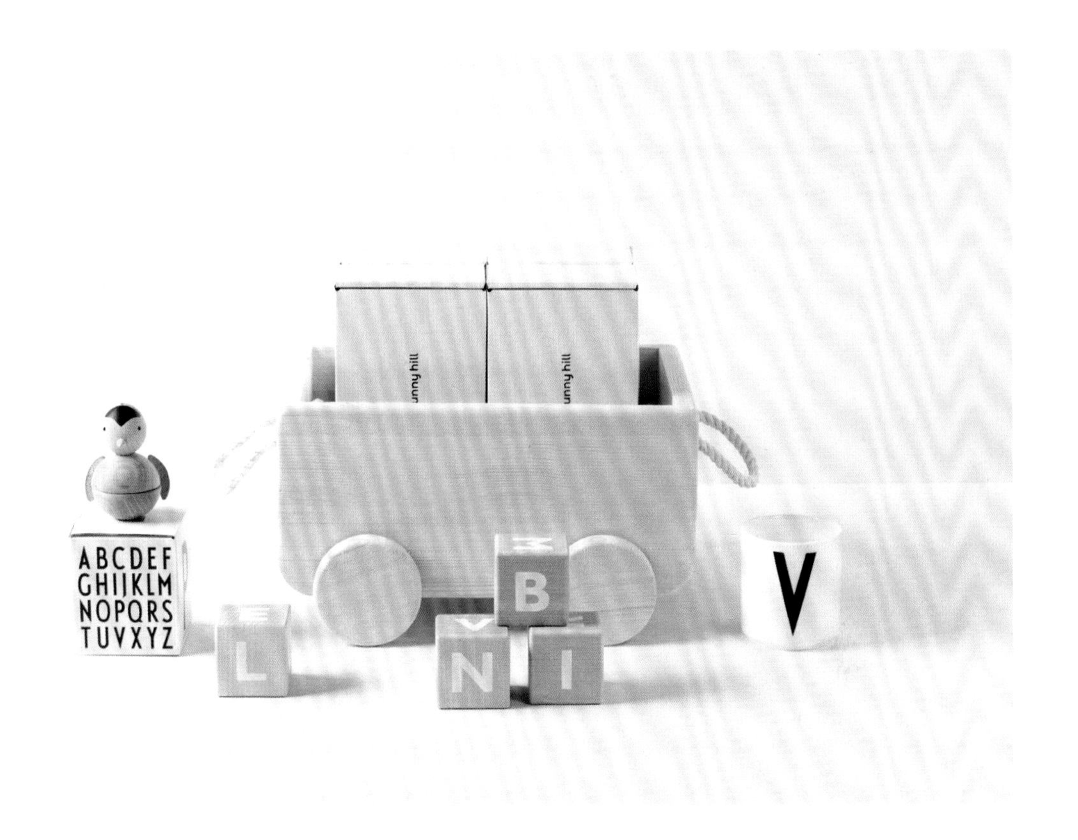
ABCDEF
GHIJKLM
NOPQRS
TUVXYZ
bunny hill
bunny hill
B
L
N
I
V

BUNNY HILL
bunny hill
Bunny Hill
BUNNY BUNNY bunny hill Bunny hill b
bunny hill
hill HILL
Bunny hill b hill
Bunny Hill
bunny
bunny HILL
bu bu
bun
bunny
LOGO EMBOSS
BUNNY HILL
BUNNY HILL
BUNNY HILL
bunny hill B B
Bunny Hill
bunny hill B

STOERRR 玩具积木组合

设计机构 / Stoerrr – 儿童俱乐部，酒店设计概念
销售网站 / www.stoerrr.com/stoerrr-playblocks

Stoerrr 玩具积木是一款多功能的玩具，3 ～ 12 岁的孩子可以使用它来建造、学习和玩耍。它包含 12 个不同形状的轻质积木，可组合在一起组成新的物品。Stoerrr 玩具积木组合不仅是一款教育玩具，也是一个可以用作家具的美丽设计。

这套积木可以在室内和室外使用。

创意总监 / Carl Mills　**设计师** / Koen Crommentuijn　**客户** / 马尔代夫沃姆利瑞吉度假村

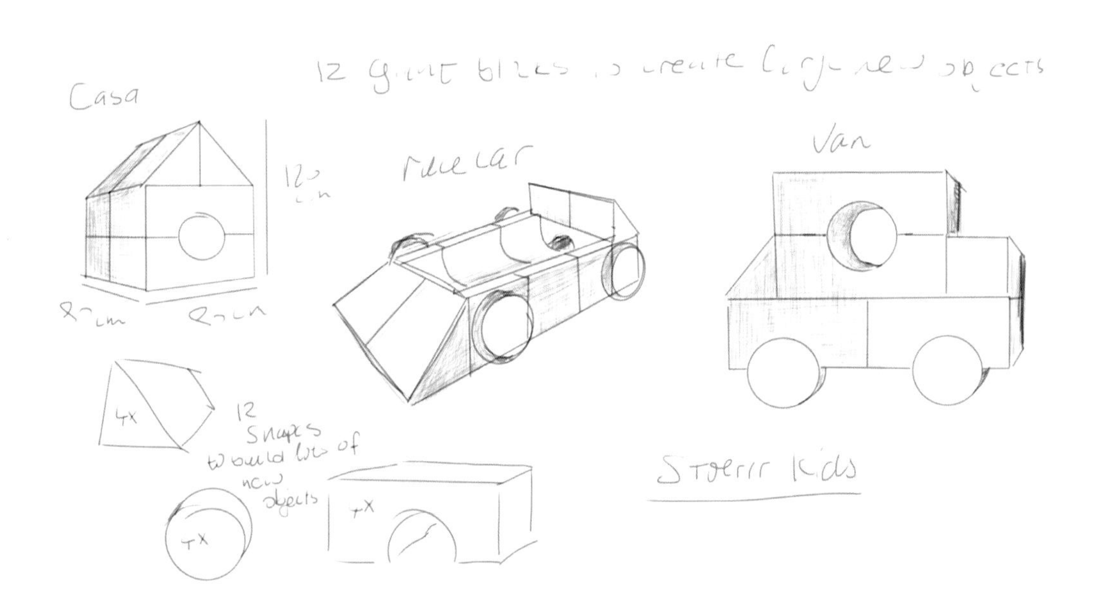
Casa
Van

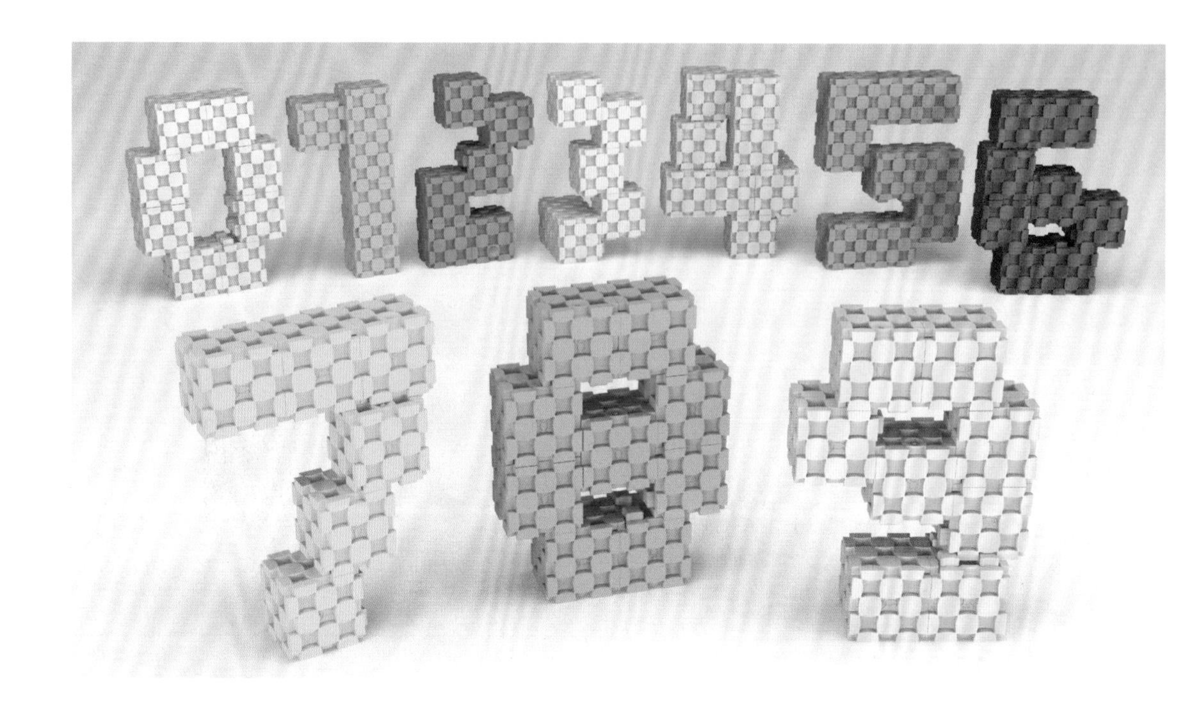

LINI 利尼® 方块

设计师 / Daniel Stead
销售网站 / www.lini.design

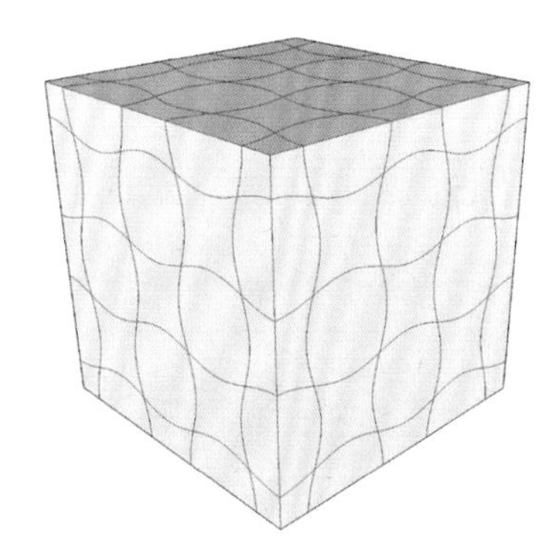

Lini 利尼®方块是一款创意教育玩具：它的积木只有一种类型，是老式的积木设计。但它不仅能激发想象力和创造力，还能开启无数的设计可能性。

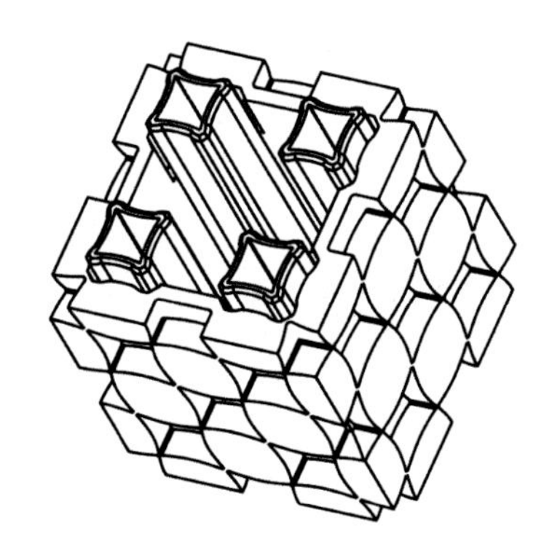

摄影 / Daniel Stead　　国家 / 德国　　客户 / 德国柏林 Sunny Hills 有限公司

lini cube
ild free

ild free

lini cube

感官象棋

设计机构 / Shinoda Studio 事务所

作为一个男孩的母亲，设计师思考是什么让一个玩具成为一个好玩具？感官发现、想象力和创造力的空间。筱田真纪子（Makiko Shinoda）对儿童与玩具的关系所做的研究表明，这些元素在形状和功能都标准化的塑料玩具中并不常见。

这款通用的玩具组合能够随着时间的推移和孩子的年龄发展而展现不同用法。初学走路的孩子可以将它当作积木，大一点的孩子可以用它玩国际象棋。单个玩具的重量、气味、材质、形状和质地各不相同，这使得玩家可以根据需要改变游戏。这是一款可以伴随一生的玩具。所用材料包括蜂蜡、陶瓷、雪松木材、樟木、青铜和铝。

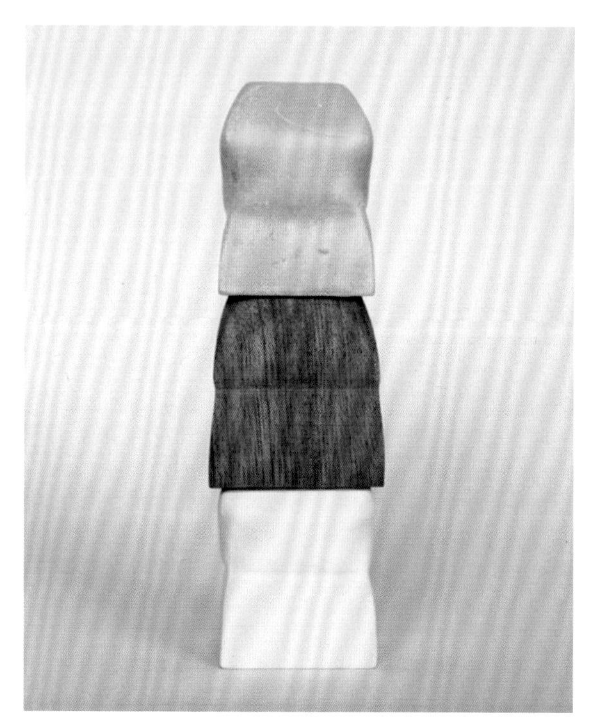

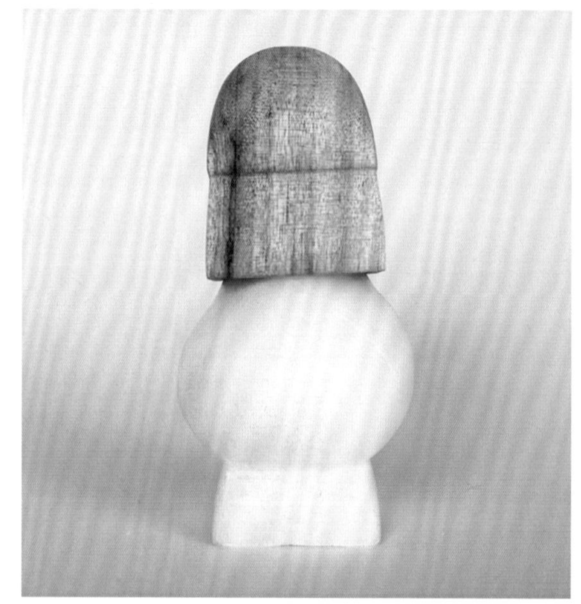

设计师 / Makiko Shinoda　**客户** / Design Cultuurplatform Limburg 设计平台　**国家** / 荷兰

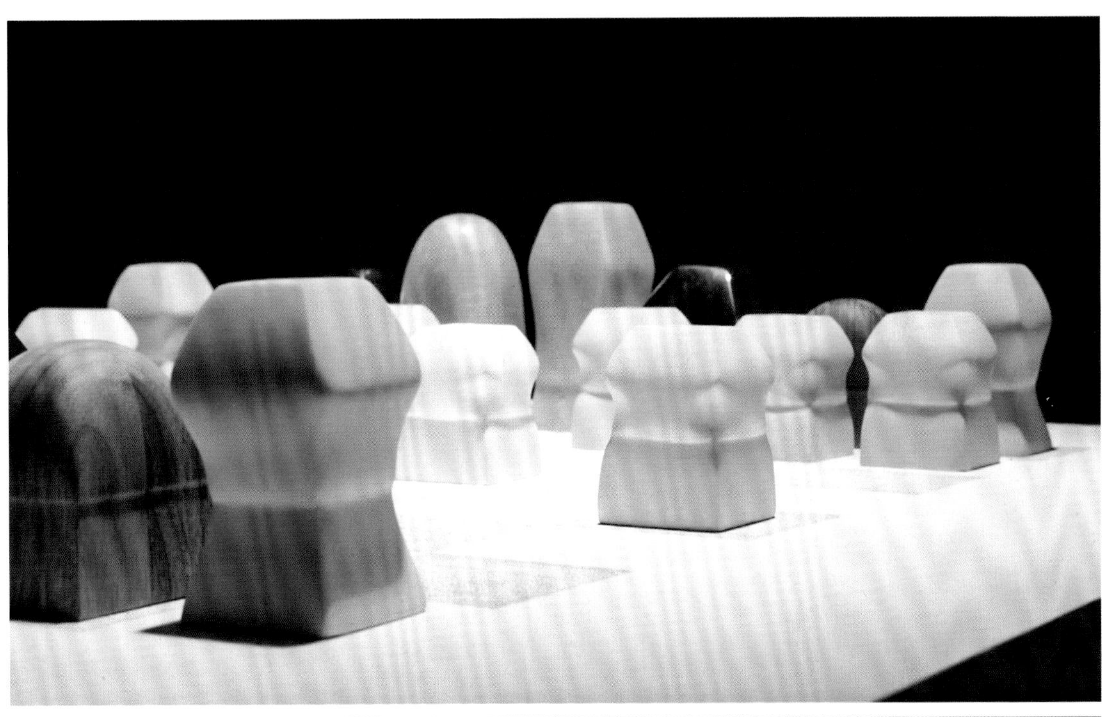

TOBEUS 玩具车

设计机构 / Matteo Ragni 事务所
销售网站 / www.tobeus.it/online-shop

这是一个诞生于朋友合作的项目，最终吸引了最重要的意大利和国际设计师参与其中。然后它变成了100% 的 TobeUs，全球巡展，先后来到了米兰，然后在纽约、莫斯科、多伦多和智利圣地亚哥。

TobeUs，包括 5 辆“第一系列”（2008）的木制汽车，6 辆由“大师”设计创作 (2010)，100 辆由国际设计师构思的作品 (2012)，以及由展览所在城市的 10 名设计师设计的汽车 —— 纽约、莫斯科、多伦多和圣地亚哥。

设计师 / Matteo Ragni　**摄影** / Max Rommel　**国家** / 意大利

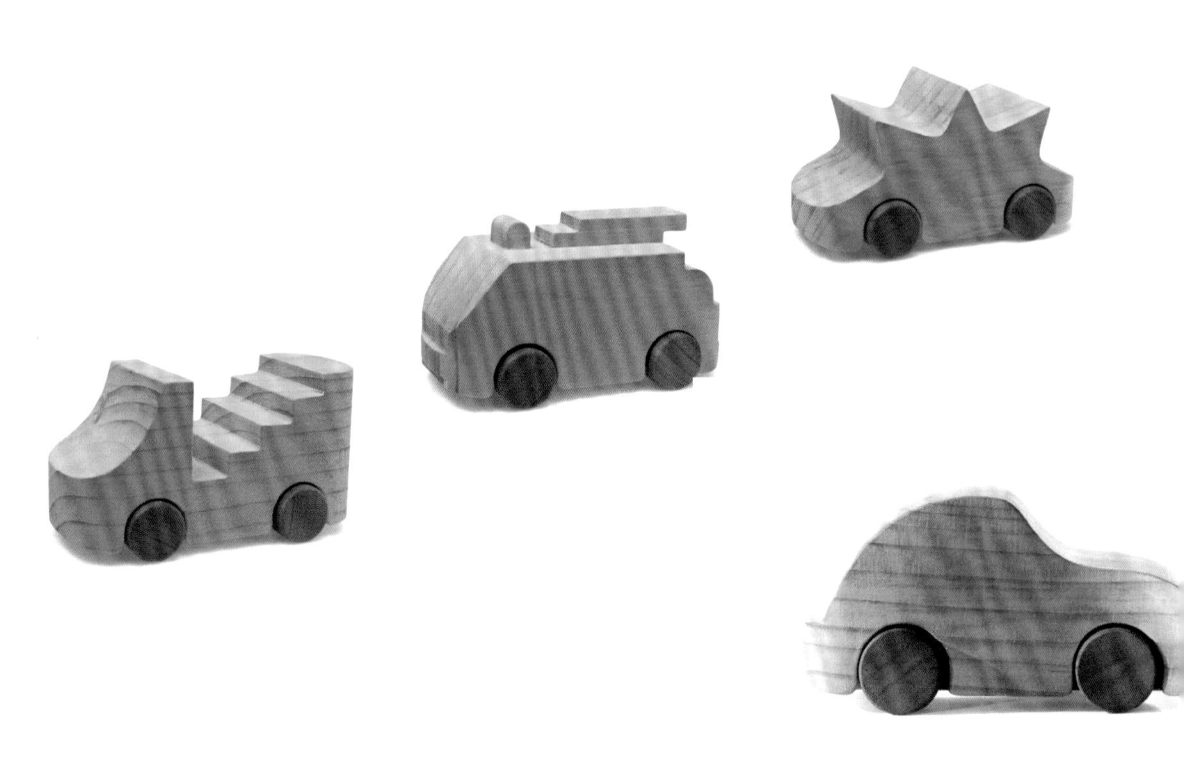

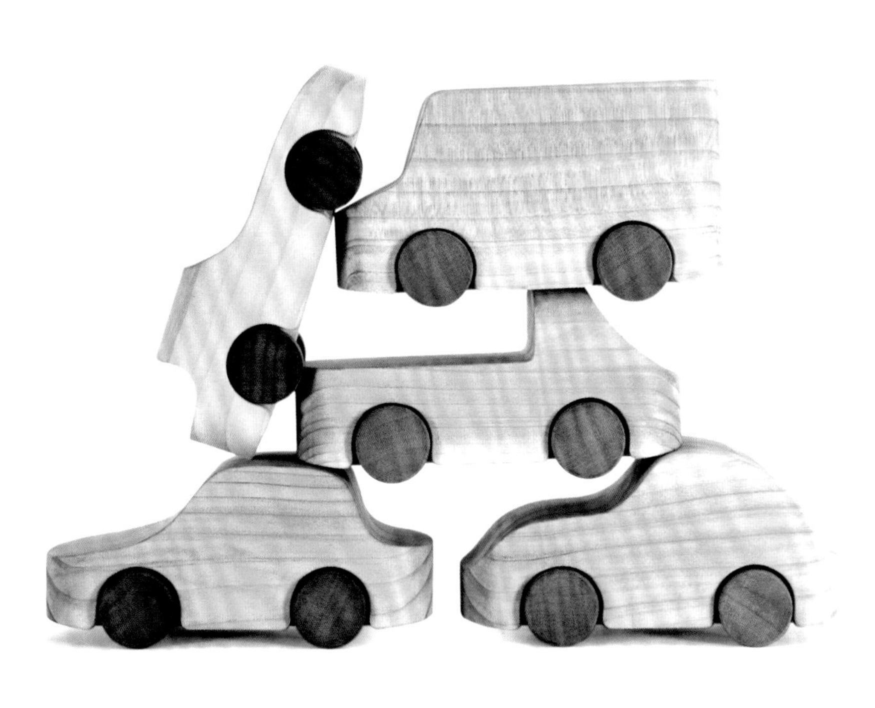

妈妈和宝宝

设计机构 / 邦尼山
销售网站 / www.bunnyhill.ru

这组“妈妈和宝宝”系列体现了家庭关系的温暖。设计简单，没有不必要的细节，这使得这些轮廓玩具即使对于最小的孩子也很安全。设计师试图让产品给人心理上的舒适感，这样动物的形象就容易被辨认出来，但同时又保留简单、简洁的形式。设计的灵感来自大自然，大自然里蕴藏着丰富多样的过程、形式和现象。材料选择的主要标准是环保和天然。山毛榉表面光滑圆润，没有尖锐的边缘。动物形象十分坚固耐用，不仅可以作为玩具，还可以作为儿童房间内部的时尚装饰。

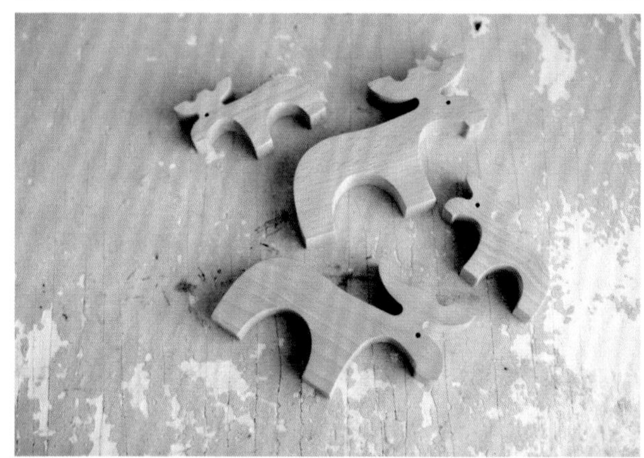

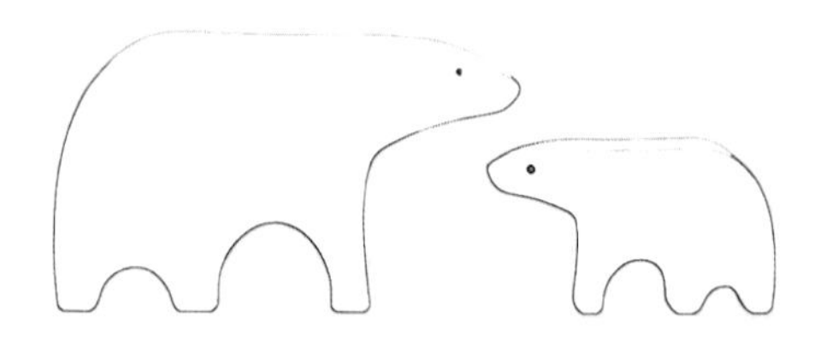

骰子先生

设计机构 / Héctor Serrano 工作室

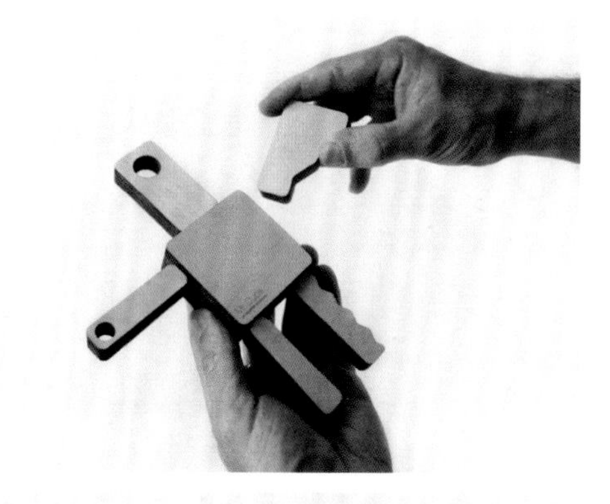

这是一款木制人偶组合，人偶共享一个身体躯干，胳膊、腿和头则可以互换。利用内部磁铁设计，可以重新排列、组合创造出无限的创意。游戏结束后，所有的零件可以拼在一起形成一个完美的立方体！

该项目是 TEN 的一部分，是一个由 10 位设计师在伦敦举办的关于可持续发展理念的个人反思的独立展览。

客户 / MUJI 无印良品

国家 / 西班牙

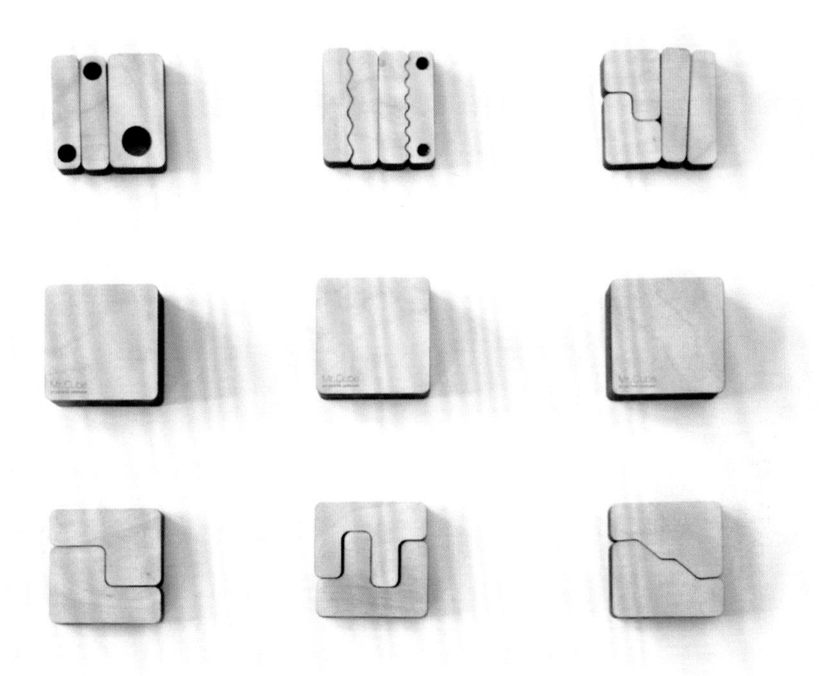

MUSICON 创意乐器

设计机构 / Musicon 设计团队
销售网站 / www.musiconclub.com

Musicon 认为每个孩子都是天才——我们必须通过创造性的游戏来释放他们的潜能。

Musicon 是一款直观的乐器，鼓励孩子们通过创造性探索进行积极的学习。这种迷人的木制乐器通过激发孩子们的内在动力，探索周围环境，可以教授低至 3 岁的孩子进行作曲和编码。它通过触觉 - 动觉、视觉和听觉学习模式培养孩子们对音乐的热爱。这种对音乐的热爱可以促进从数学到编码等其他学科的学习。通过对音乐和数学之间缺失的这一环的补充，Musicon 有潜力帮助整整一代孩子进行更好的学习。

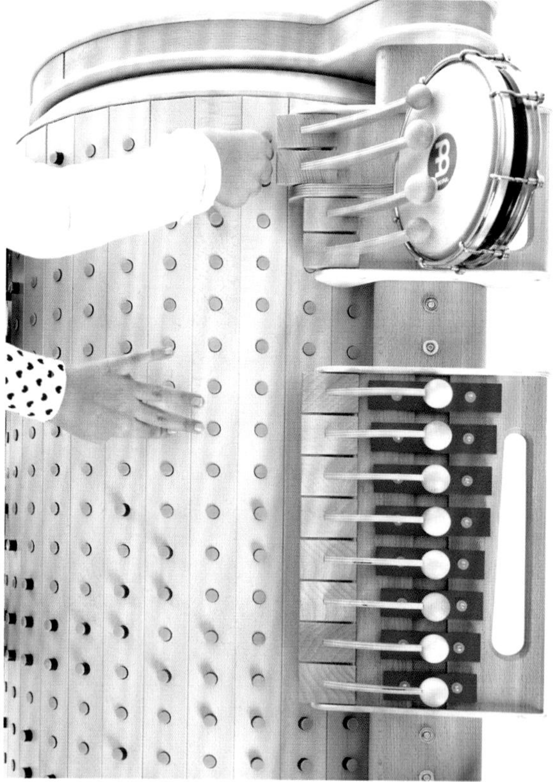

创意总监 / Kamil Laszuk　　**摄影** / Piotr Porebski　　**国家** / 波兰

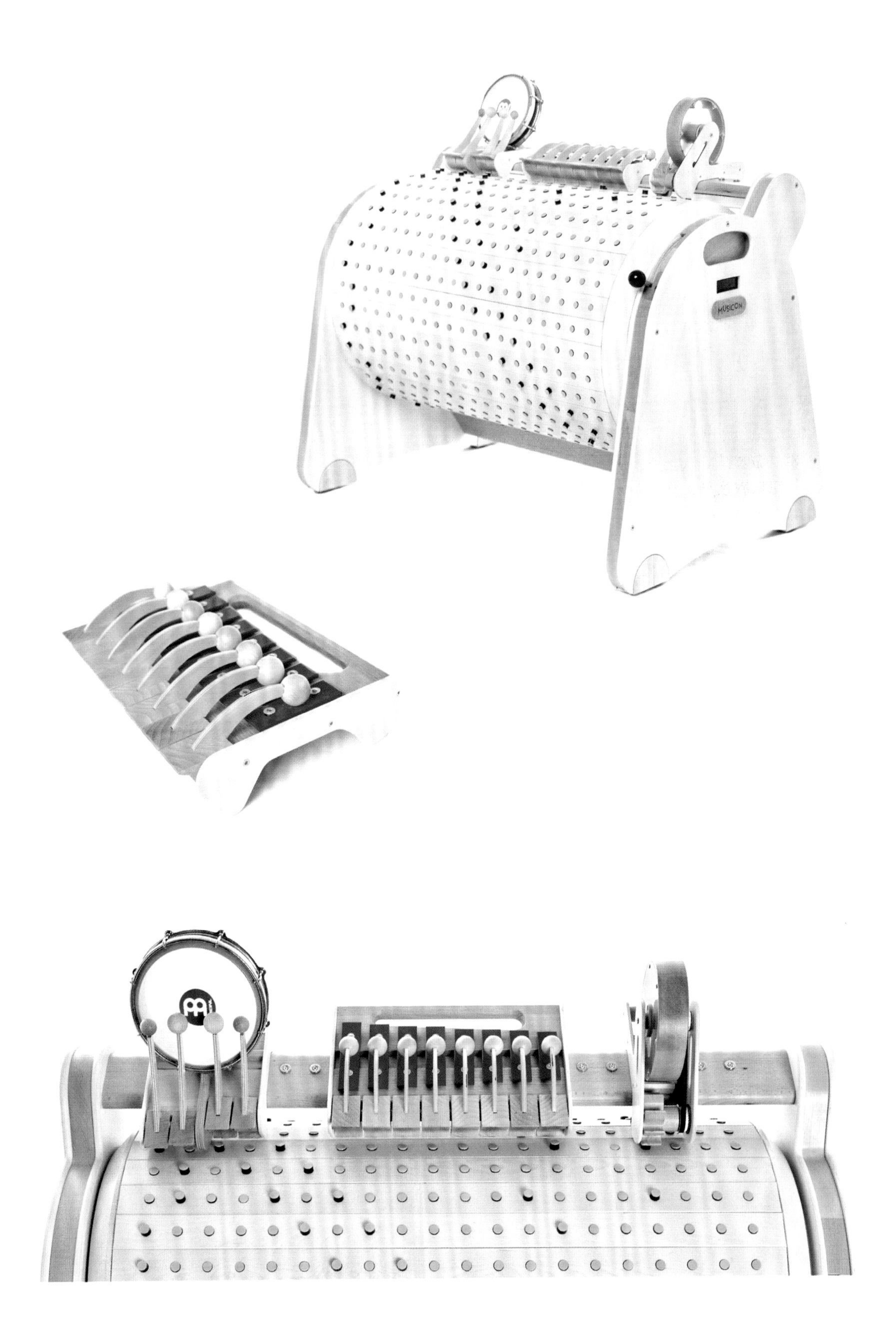

获奖信息 /2012 红点设计奖，2012 波兰儿童设计奖，2017IF 设计奖

扣件积木发展玩具

设计机构 / ArtCenter College of Design
销售网站 / www.nishgupta.com

“扣件积木”是一款儿童玩具。它通过富有想象力和创造性的游戏帮助 3 ～ 5 岁的孩子提高精细的运动技能。

在这个数字时代，孩子们过度接触科技。打破这种模式并让他们回到现实互动中很有必要。扣件积木的设计能够帮助儿童提高创造力，加强手、手指和手腕小肌肉群的控制。扣件积木是由加利福尼亚帕萨迪纳艺术中心设计学院的 Nish Gupta 设计的一个为期 14 周的设计项目。它是利用产品设计开发过程中深入的一次和二次研究，用心构思，采用功能孔隙模式。

创意总监 / Nish Gupta　**设计师** / Nish Gupta　**摄影** / Stephen Swintek

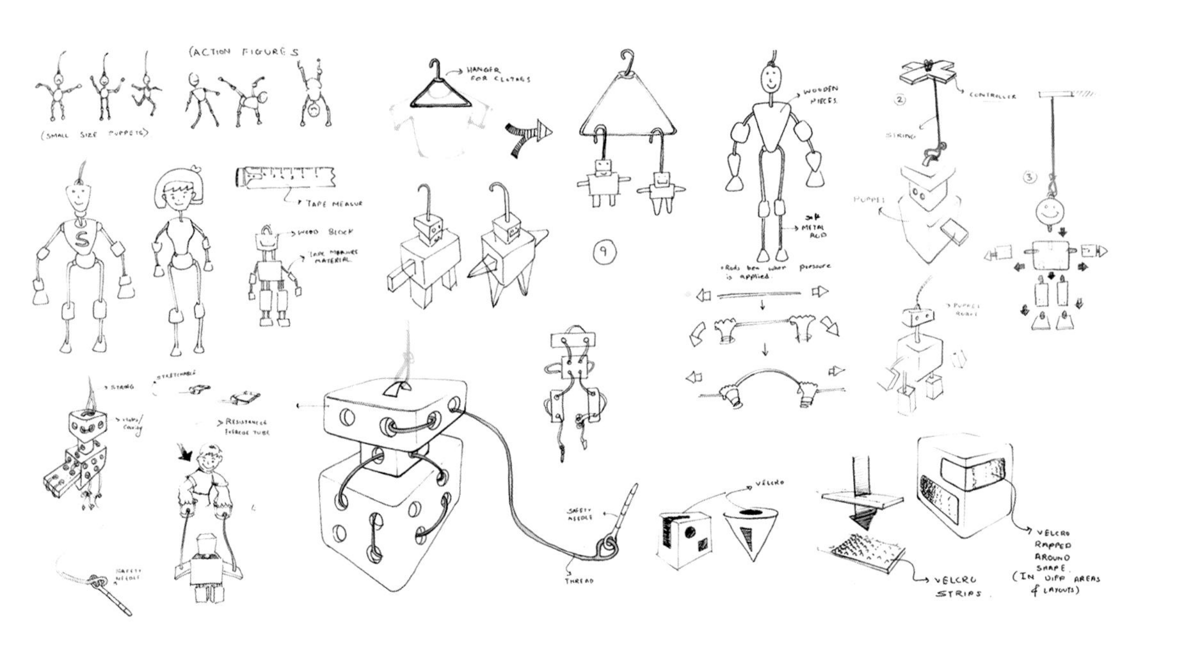
(ACTION FIGURES
(SMALL SIZE PUPPETS)
HANGER FOR CLOTHES
WOODEN PIECES
CONTROLLER
STRING
TAPE MEASURE
WOOD BLOCK
METAL ROD
SAFETY NEEDLE
THREAD
VELCRO
VELCRO STRIPS
VELCRO RAPPED AROUND SHAPE. (IN DIFF AREAS & LAYOUTS)

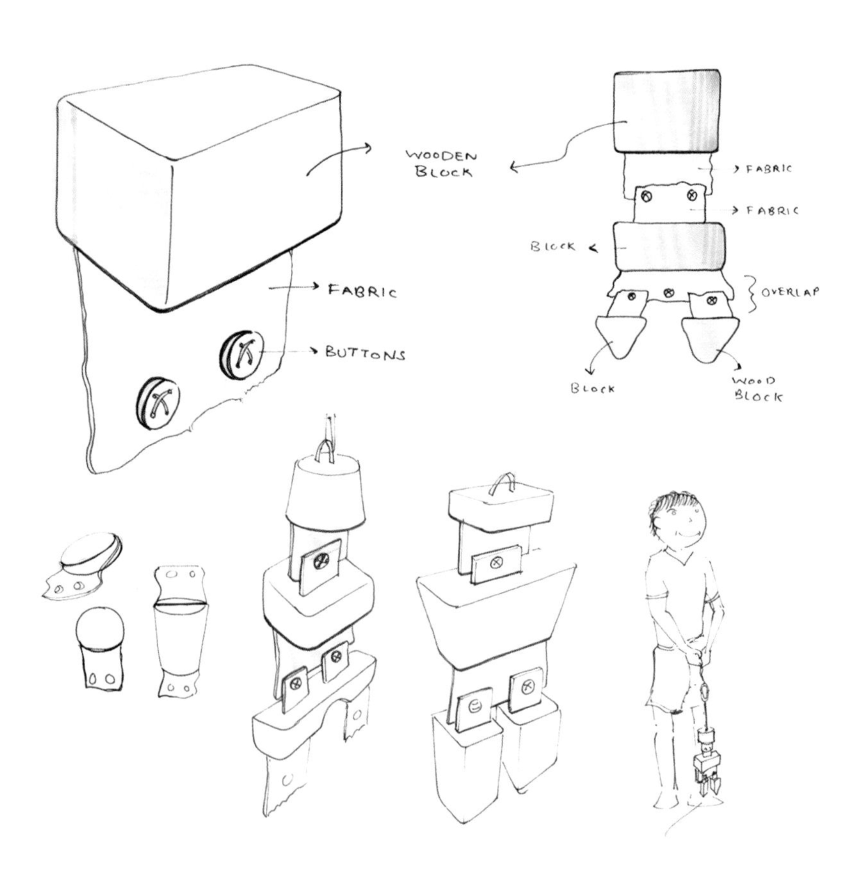
WOODEN BLOCK
FABRIC
BUTTONS
FABRIC
FABRIC
BLOCK
OVERLAP
BLOCK
WOOD BLOCK

BICHARADA 趣味家具

设计师 / Paula Soares

这款名为 Bicharada 的趣味教育家具系列，为孩子们提供了玩具之外的互动和学习功能；该方案由桌椅和可拆卸的抽屉柜组成，旨在通过互动和趣味的设计提供教育和社会学习机会，促进幼儿的认知发展。产品的所有零件都是完全可拆卸的，没有任何类型的金属固定零件。

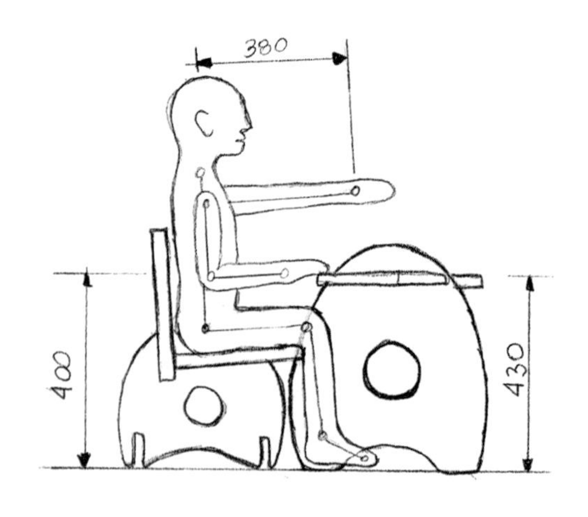

 客户 / Casa Ilustrada　国家 / 巴西　获奖信息 / 2015 巴西设计双年展

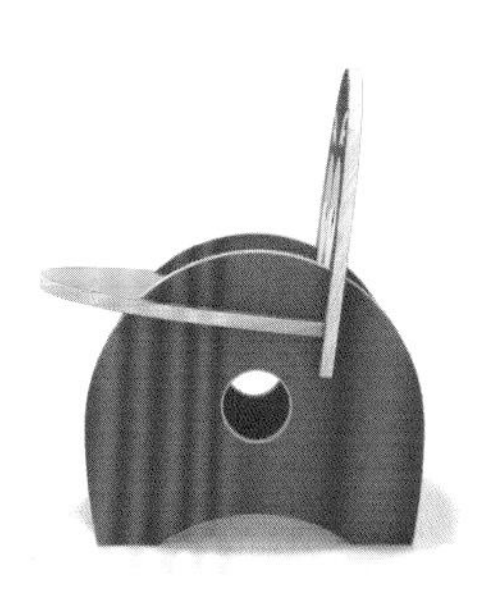
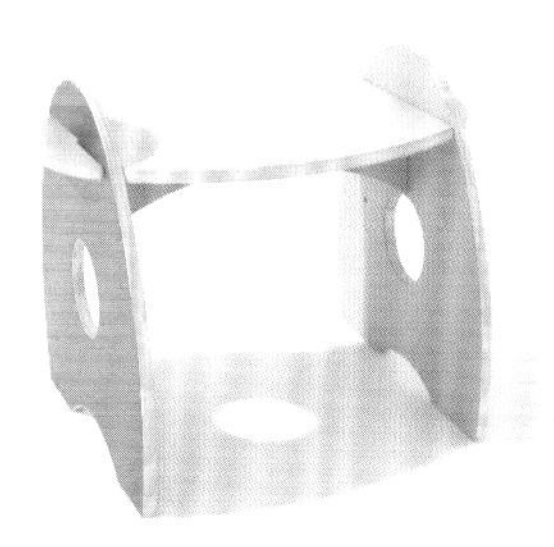

动物木玩具

设计机构 / DIOTOYS 玩具公司
销售网站 / www.diotoys.com

这些木制的小动物帮助孩子们熟悉动物园的成员。这些可爱的数字可以在孩子几个月大时，就作为它们的玩具。产品呈现易于记忆的形状与圆角边缘。由硬木制成，十分耐用。采用 100% 天然原料加工制成。

创意总监 / Réka Diósi　**设计师** / Imre Diósi　**摄影** / Tamás Egry

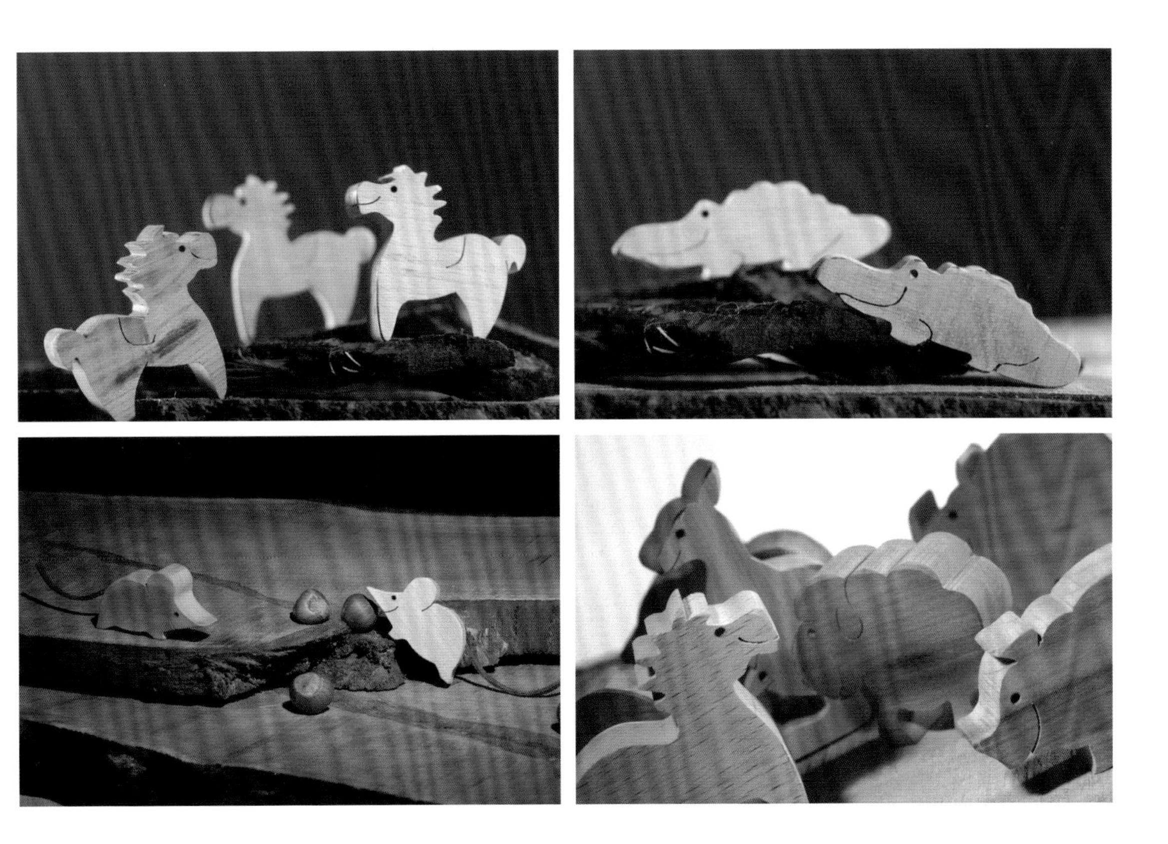

DIOTOYS
19
87
BUDAPEST

BIG CARS

设计机构 / DIOTOYS 玩具公司
销售网站 / www.diotoys.com

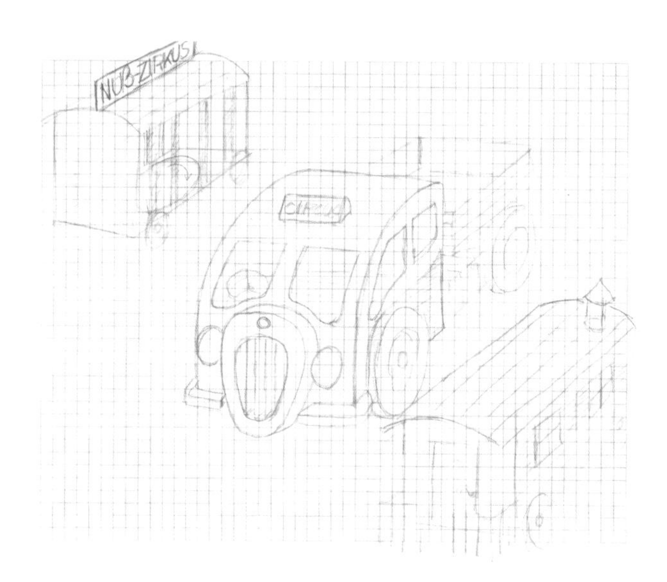

这款所谓的“大轿车”概念是受老式汽车的启发而产生的。小细节和不同类型的木制部件的混合使得这些玩具如此引人注目。它是一款老少咸宜的游戏，可以调节气氛，永不褪色的旧玩具——将这种好感觉带回家吧。

创意总监 / Réka Diósi　**设计师** / Imre Diósi　**摄影** / Tamás Egry

创意木玩具

设计机构 / DIOTOYS 玩具公司
销售网站 / www.diotoys.com

小孩子能通过这款玩具熟悉复杂的动作。玩具充满活力和互动性，可以培养孩子们的创造力和动手能力。他们可以学习移动和控制东西的技巧。如果他们根据玩具编故事，还可以开发想象力。这会使思维更加活跃，同时也会提高专注力和平衡能力。

创意总监 / Réka Diósi　**设计师** / Imre Diósi　**摄影** / Tamás Egry

牢固交通玩具

设计机构 / DIOTOYS 玩具公司
销售网站 / www.diotoys.com

这款名为“推土机”的牢固的交通玩具，体积小，造型圆润，边缘柔软，表面光滑，适合孩子的小手抓握。我们生产理念的核心是用优质的原材料制作出能经得起击打和跌落的木制玩具，因为这是玩耍过程中经常发生的情况。由于其复杂的机械结构，这款玩具可以做出特殊的运动。齿轮、皮带传动、旋转接头等技术细节使 Diotoys 品牌的玩具有别于其他木制玩具系列。

创意总监 / Réka Diósi　　**设计师** / Imre Diósi　　**摄影** / Tamás Egry

城市交通玩具

设计机构 / DIOTOYS 玩具公司
销售网站 / www.diotoys.com

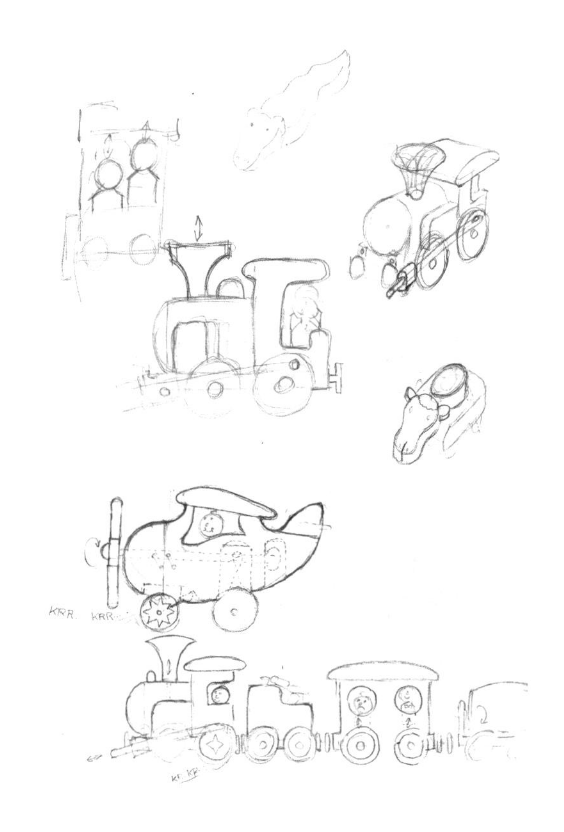

设计师想用这些特别的玩具向孩子们展示日常生活中深受喜爱的经典交通运输工具。每推一次，玩具的不同部件就会动起来，比如机车的烟囱在滚动过程中上下移动。动态木元素的体验也可以触动儿童和成人的心灵和想象力。Diotoys 品牌特别注重木制玩具的设计。外观、魅力、触感都是关键的因素。设计团队为自己 100% 原创的产品理念、标志性设计和施工方案而自豪。

创意总监 / Réka Diósi　**设计师** / Imre Diósi　**摄影** / Tamás Egry

SCOPPI 铲子

设计机构 / Pars Pro Toto 事务所
销售网站 / www.quuttoys.com

Scoppi 以其与众不同的标志性设计立即吸引了人们的眼球。孩子们喜欢它，因为有了它的帮助，用双手和脚移动沙子变得很容易。可拆卸的筛子是一个聪明的设计，它使得建造堡垒和城堡的乐趣加倍。符合人体工程学的脚踏设计可以轻松地将铲子推入沙子（或泥土、雪）。

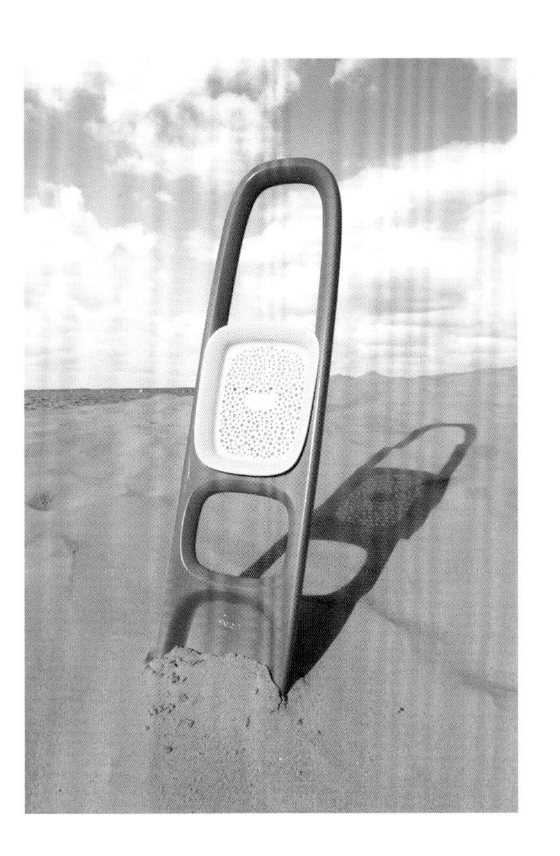

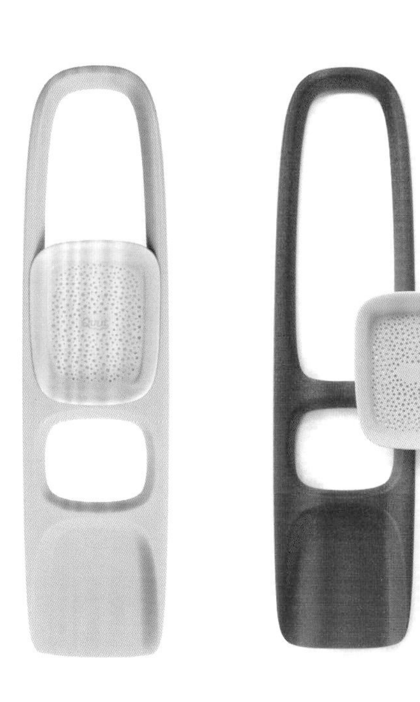

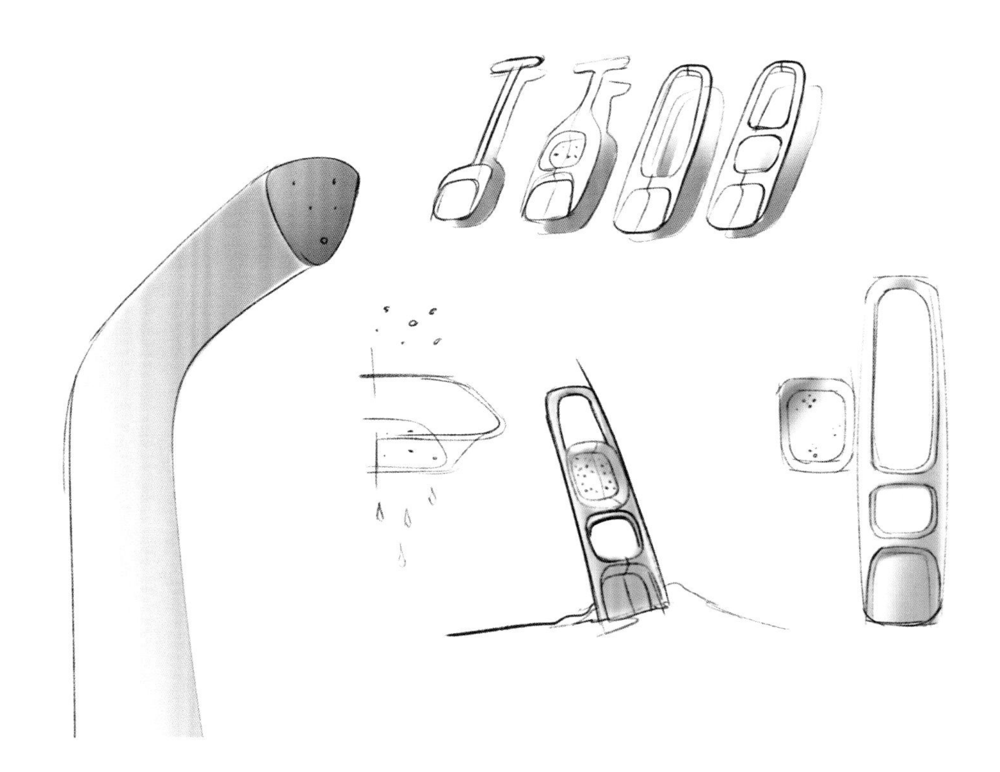

获奖信息 /2014 红点设计奖，2013Henry Van de Velde 设计奖

缝制可爱动物套装

设计机构 / 与 Chronicle Books 出版社进行的艺术家合作设计
销售网站 / www.chroniclebooks.com

缝合，装饰，然后展示这款迷人的立体纸动物。这款创意编制套装有12 个可爱的动物卡片可供选择，每一张卡片上都印着简单易懂的图案，让手工缝制变得轻松。套装包含五颜六色的刺绣线、一根钝针和一本缝纫和装饰技巧的小册子，孩子们可以化身年轻的工匠，制作工艺品装饰房间或送给朋友作为纪念！

设计师 / Mirim Seo　**摄影** / Mirim Seo　**客户** /Chronicle Books 出版社

BEAR
TOUCAN

拯救濒危野生动物

设计机构 / 与 Chronicle Books 出版社进行的艺术家合作设计
销售网站 / www.chroniclebooks.com

S.E.W. 是“拯救濒危野生动物”的缩写。这是一个通过完成濒危雨林动物的图案来学习手工缝制技术的游戏。它有8个动物部件与缝合孔，便于组装，还有一本说明书。这些动物都需要手工缝制，孩子们也可以创造自己的动物图案。缝纫难度从 1 级到 8 级可选。这款 SEW 不仅可以教孩子们手工缝制，还可以教他们认识热带雨林中的濒危物种。

创意总监 / Joe Scorsone　**摄影** / Mirim Seo　**客户** / Chronicle Books 出版社

SAVING ENDANGERED WILDLIFE

四季

设计机构 / Shusha Toys Company
销售网站 / www.shusha-toys.ru

挑选零件，打造四季变化！将树叶、浆果、雪花、鸟和花插入树中。学习季节的标志以及它们变化的规律。现在是一年中的什么时候？

做晚餐

设计机构 / Shusha 玩具公司
销售网站 / www.shusha-toys.ru

这个盒子里有 14 道菜！选择你今天的午餐，选择食材，然后这道菜就做好了！

这个盒子里有 14 个盘子和 70 个食品杂货品种。每个盘子里都有一份你要做的菜的食谱和一份烹饪所需的食品清单。这样就可以收集你做菜所需的所有食材。第一个做完菜的人就是获胜者。

LOTTO
The Dinner
+ MEMORY GAME
Обед
ЛОТО
+ ИГРА MEMORY

LOTTO
The Dinner
+ MEMORY GAME
Обед
ЛОТО
+ ИГРА MEMORY

Рататуй
Ratatouille
Греческий салат
Greek salad
LOTTO
The Dinner
+ MEMORY GAME
Обед
ЛОТО
+ ИГРА MEMORY

童话

设计机构 / Shusha 玩具公司
销售网站 / www.shusha-toys.ru

这款精彩的积木套件让孩子们用不同的彩色、形状和身体部分创造他们最喜欢的童话人物：小红帽和狼、骑马的王子、公主、巫师、邪恶女王、美人鱼！

孩子们也可以运用自己的想象力创造属于自己的人物。孩子们还可以按照著名童话的结局表演短剧或编造自己的情节。是一项能够鼓励想象力和合作的很好的娱乐游戏。

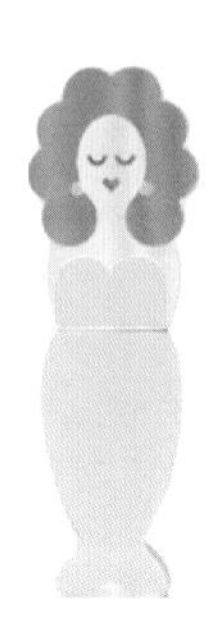

风景

设计机构 / Shusha 玩具公司
销售网站 / www.shusha-toys.ru

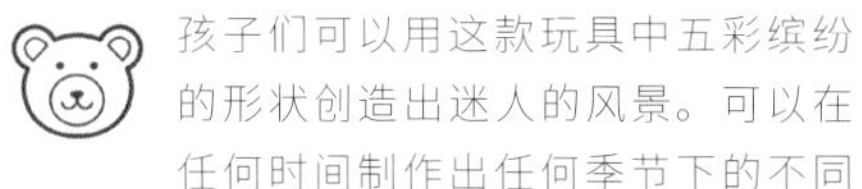

孩子们可以用这款玩具中五彩缤纷的形状创造出迷人的风景。可以在任何时间制作出任何季节下的不同风景、城市和小镇：小镇上明媚的秋日，城市里的圣诞集市，海上日落或日出以及许多其他变体。这是一款可以激发孩子们想象力的益智游戏，同时激发他们对新地方和旅行的兴趣。

套装由一个底座和 21 个彩色形状组成。所有的形状都是用桦木胶合板制成，涂有无毒涂料。

制作一幅肖像

设计机构 / Shusha 玩具公司
销售网站 / www.shusha-toys.ru

“制作一幅肖像”是一款关于不同年龄和民族的人物和性格的游戏。

有一个脸部基座和48个脸部结构：头发、眼睛、耳朵、鼻子、嘴、胡子和眼镜。所有的部分都是双面的，以扩展创意的可能性。孩子们可以制作朋友和亲戚的肖像，拍照后用来装饰房间。

国家 / 俄罗斯

获奖信息 / 法国玩具图书馆协会观众奖

СОСТАВЬ ПОРТРЕТ
MAKE A PORTRAIT
WARNING
CHOKING HAZARD - Small parts
Not for children under 3 years
49
3+
ШУША

СОСТАВЬ ПОРТРЕТ
MAKE A PORTRAIT
WARNING
49
3+
ШУША

拼布被子

设计机构 / Shusha 玩具公司
销售网站 / www.shusha-toys.ru

这是一套卡片类玩具。玩具的玩法是给熟睡的孩子盖上拼布被子。这些由各种颜色、图形的小卡片可以让小朋友们自由组合，设计出全新的图案，培养孩子对色彩、形状的认知。

动物园

设计机构 / Shusha 玩具公司
销售网站 / www.shusha-toys.ru

这个玩具可以让孩子们了解不同的动物，并创造出属于自己的动物形象。

玩具包括 23 个不同的木制身体部分（耳朵、鼻子和嘴），通过隐藏的磁铁连接到身体框架上。磁铁的设计让连接和断开操作更容易完成，降低孩子操作的难度。

木制零件涂刷了柔和的浅色涂料，各式的形状呈现可爱、有趣和诙谐的个性（宠物和野生动物，食肉动物和食草动物）。动物的身体直立，所以也可以作为托儿所或游戏室的装饰。这是一款时尚、高质量的游戏，具备教育、娱乐和鼓励想象力的功能。

B-24 轰炸机模型套装

设计机构 / TAIT 设计公司
销售网站 / www.taitdesignco.com/shop

这款轻木 B-24 飞机模型是对美国独创性、密歇根州本土制造业以及女性平等机会的歌颂。二战期间，B-24 轰炸机为盟军做出了巨大的贡献。它是第一批在装配线上制造出来的飞机，创造了 42000 名工人（大部分是女工）每小时生产一架飞机的惊人速度。这款 B-24 轰炸机玩具的每个套装都是在底特律手工印刷组装的，MI 使用的材料来自美国。

创意总监 / Matthew Tait **摄影** / Matthew Tait **国家** / 美国

TAIT
B-24
1941
FUSELAGE
ENGINES
MAIN WING
TAIL WING
TAIL FINS
B-24
BALSA MODEL
AIRPLANE KIT
FIRST RUN LIMITED EDITION __ / 24
DESIGNED & MANUFACTURED BY TAIT DESIGN CO. DETROIT, MI

TAIT
B-24
1941
FUSELAGE
ENGINES
MAIN WING
TAIL WING
TAIL FINS
B-24
BALSA MODEL
AIRPLANE KIT
FIRST RUN LIMITED EDITION __ / 24
DESIGNED & MANUFACTURED BY TAIT DESIGN CO. DETROIT, MI.

SLING-SLANG 悠悠球

设计机构 / TAIT 设计公司
销售网站 / www.taitdesignco.com/shop

Sling-Slang 悠悠球是一款手工制作的枫木溜溜球，专为初学者和中级水平的爱好者设计。灵感来自经典木制溜溜球，它的特点是一个可移动的槽钢轴，使玩法更容易操作，而且会让线不易打结。这个溜溜球是全部组装好的，装在纸盒中，打开包装就可以玩。它还包括两条彩色的棉线。这款溜溜球有三种颜色可供选择（天蓝色、紫粉色和经典黑），美国制造。

创意总监 / Matthew Tait　**摄影** / Aaron Jones, Matthew Tait　**国家** / 美国

TAIT
YOYO

涡轮飞行器四色套装

设计机构 / TAIT 设计公司
销售网站 / www.taitdesignco.com/shop

涡轮飞行器是一款有趣的，易于组装，且值得收藏的轻木模型飞机套件。这架飞机是一个在童年经典玩具基础上进行的全新设计，使用了更厚的木材，更好的空气动力学设计和环保包装——使得这款产品更加安全环保，同时避免变形。更令人欣喜的是，每一件飞行器都是手工打印和组装的。在实地测试中，涡轮飞行器可以累计飞行 50 英尺——游戏结束后，你可以把它放回纸板箱里，妥善保存等待下次的使用。

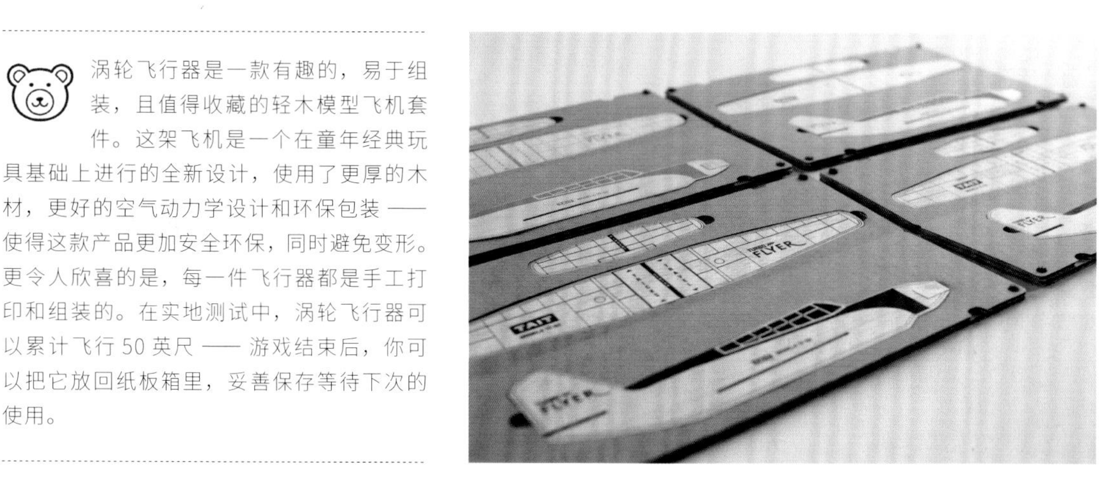

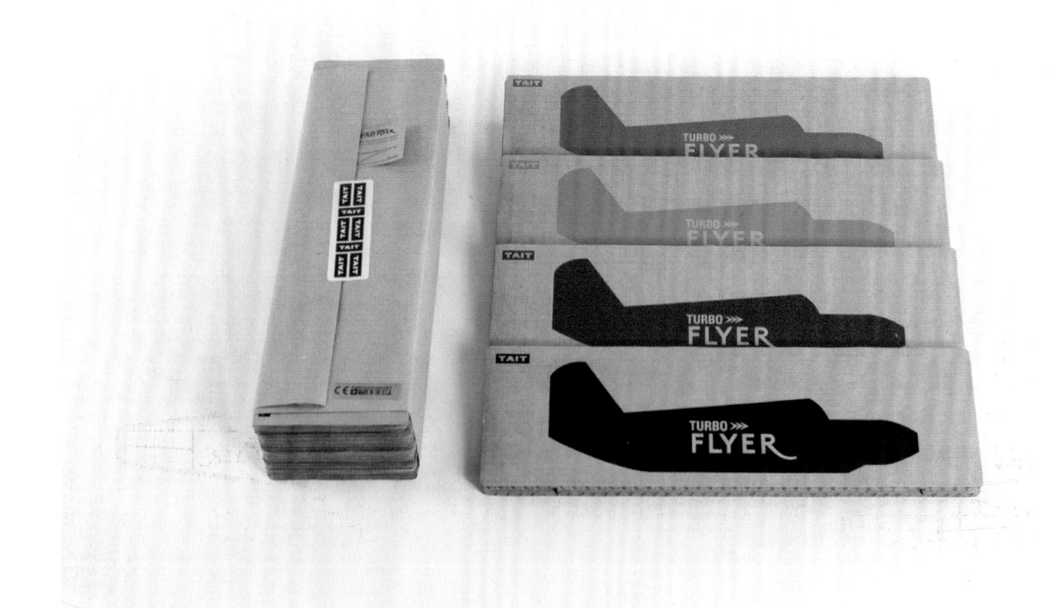

创意总监 / Matthew Tait　**摄影** / Doug Wojciechowski　**国家** / 美国

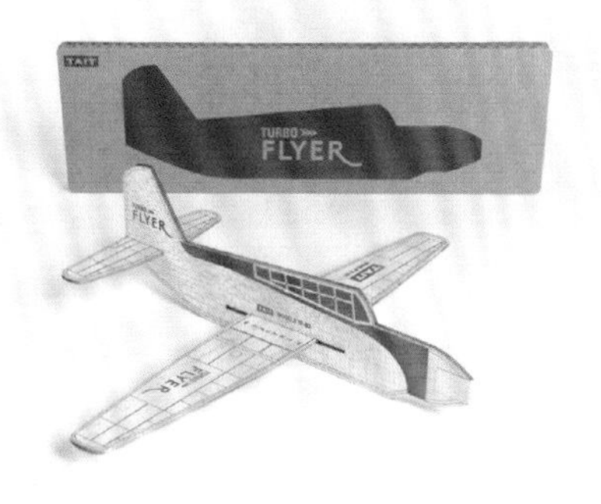
TAIT
TURBO
FLYER

TURBO
FLYER

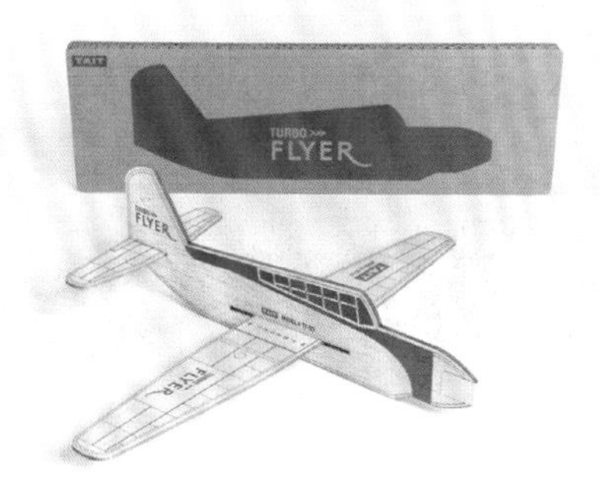
TURBO
FLYER

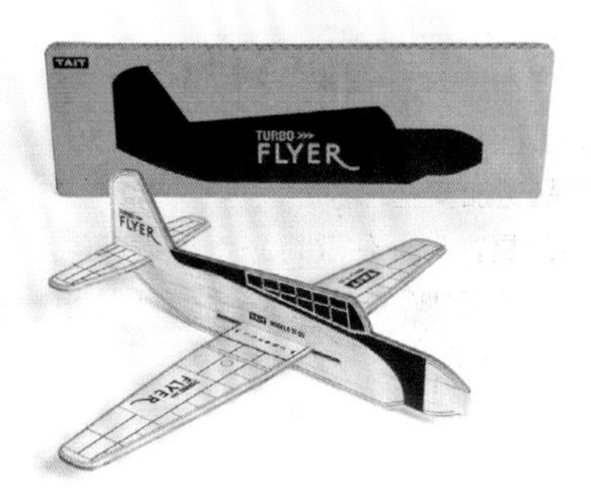
TURBO
FLYER

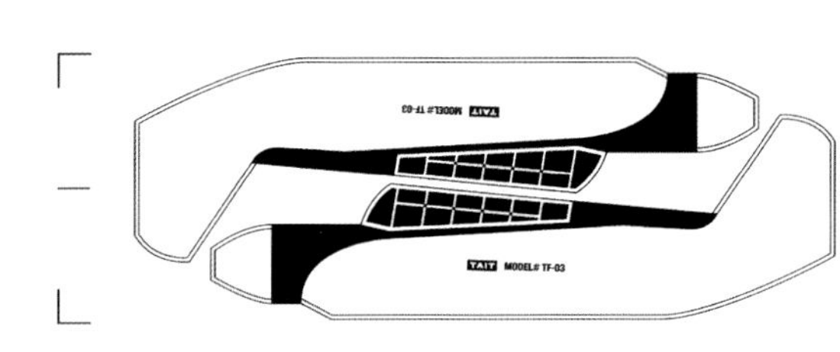
TAIT MODEL# TF-03

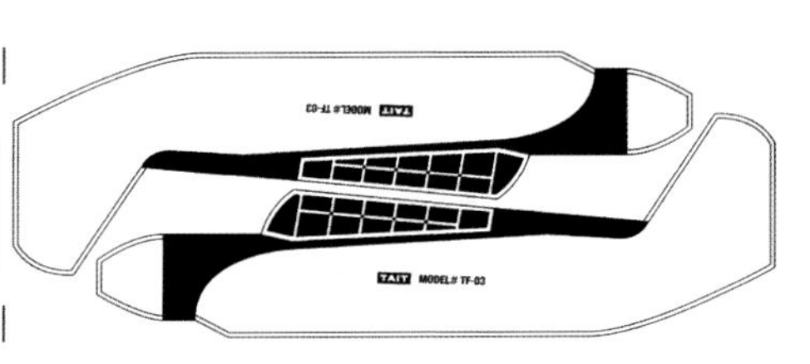
TAIT MODEL# TF-03

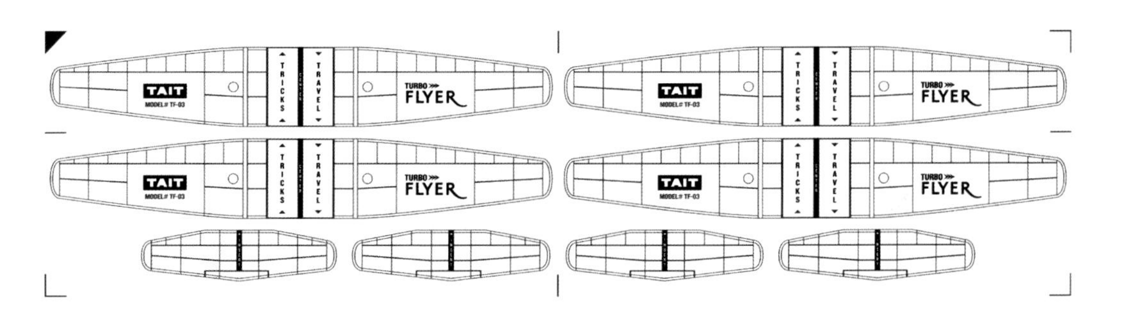
TAIT
MODEL# TF-03
TRICKS
TRAVEL
TURBO
FLYER

TORY 进化型概念玩具

设计机构 / Desall 设计平台
销售网站 / www.desall.com

这是一款进化型概念玩具，能够伴随着孩子的成长而变化。它的设计目的是通过身体和情绪的刺激来促进儿童的认知能力发展。设计师认为，当前的玩具市场必须创造难度可控的挑战性项目，让用户能够自由创造、游戏和分享体验。当孩子开始玩简单的积木，伴随他 / 她的智力发展过程，产品可以提供不同的使用功能。这款产品在 Chicco 与 Desall.com 合作的国际设计竞赛中亮相，Desall.com 是一家位于意大利的开放式创新设计平台。

设计师 / Ricardo Bartolomé Bueno, Juan Manuel Rodriguez Lara

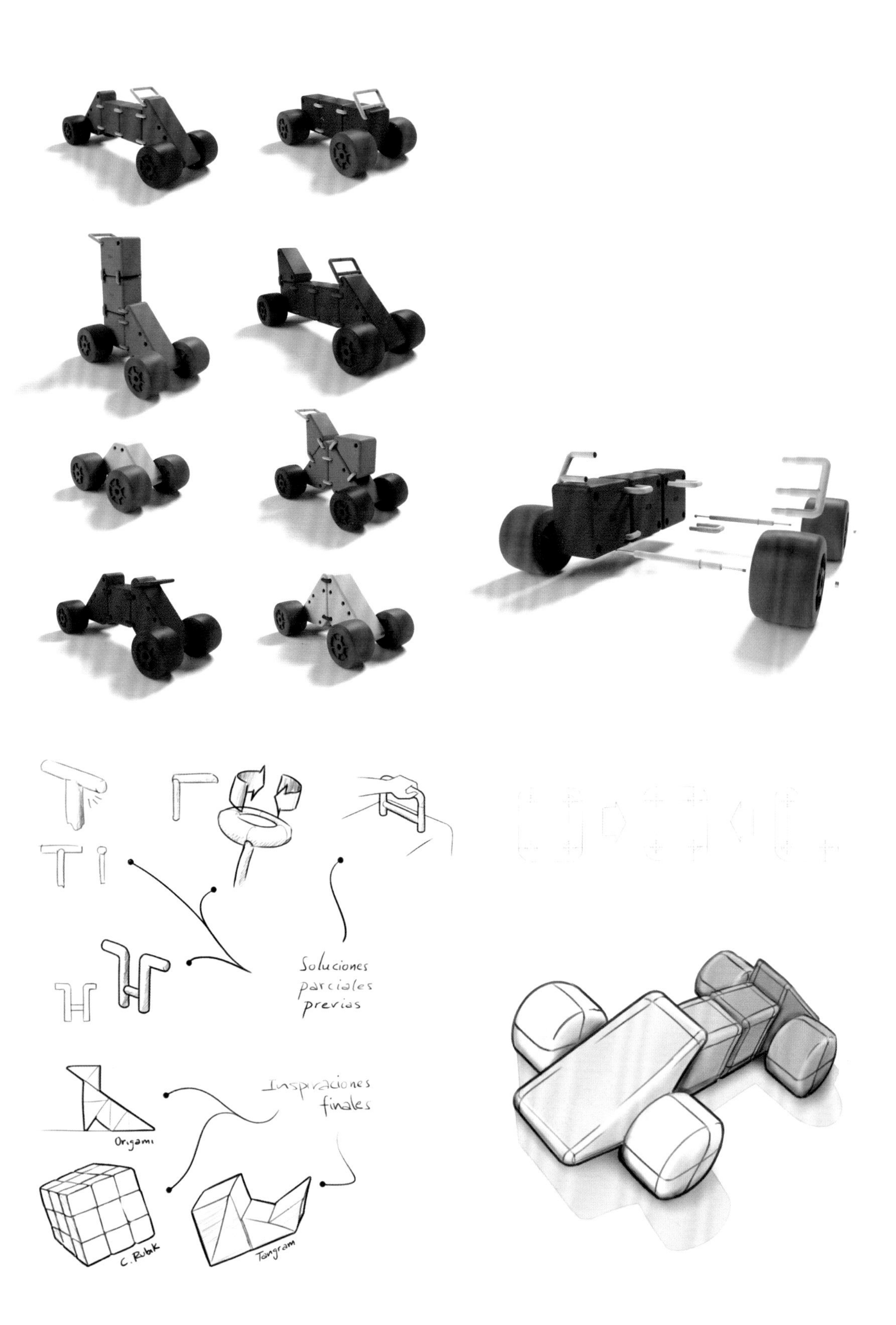
Soluciones
parciales
previas
Inspiraciones
finales
Origami
C. Rubik
Tangram

伊萨拉玩具背带

设计机构 / Monica Olariu
销售网站 / www.isara.ro

我们喜欢带着孩子，而孩子们喜欢角色扮演，带着他们自己的玩具。这款可爱的伊萨拉玩具背带设计让您的孩子背上他 / 她最喜欢的玩具。采用双面印刷，可翻转的彩色印花带来无限乐趣！出于安全考虑，肩带易于脱卸。此外，肩带和腰带是可调整的。适合 10 个月以上的儿童使用。

摄影 / Imagia Foto　　客户 / Isara Toy　　国家 / 罗马尼亚

ISARA
ISARA

ISARA

ISARA

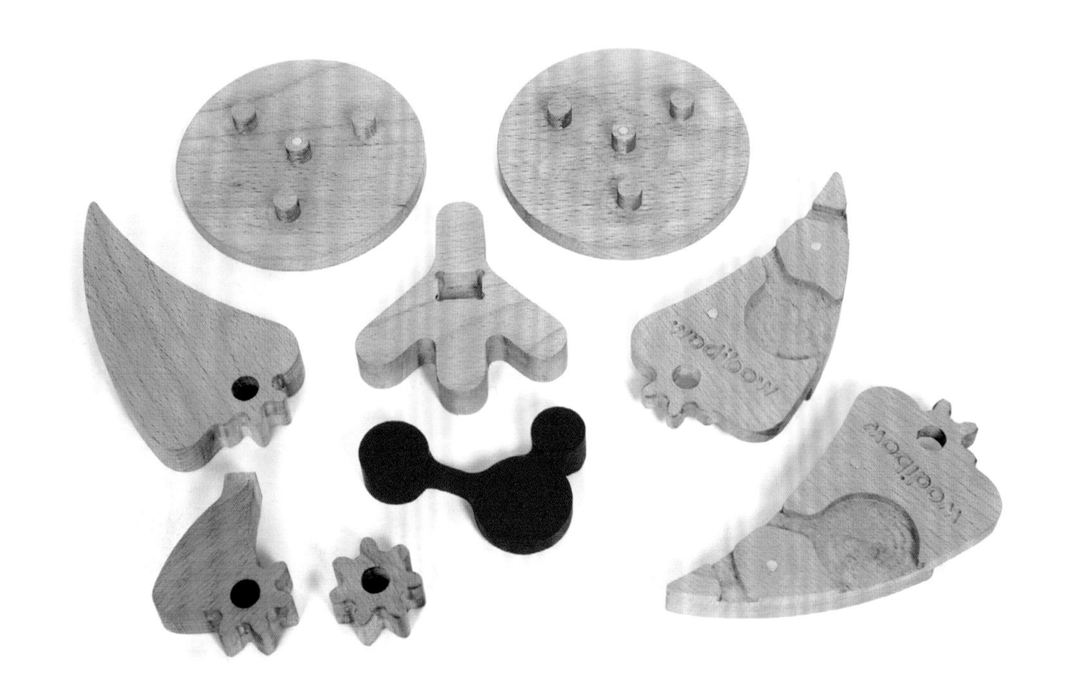

CHICOK 套装

设计机构 / wodibow (Wod y otros SL)
销售网站 / www.wodibow.com

Chicok 是一款可以转身变成母鸡的公鸡，或者由母鸡转身变成公鸡。设计师希望通过这个设计帮助孩子们理解，有时候性别之间的差异是十分细微的。

Chicok 的机械内核使它也可以移动寻找食物。它有 9 个不同的山毛榉木部件，顶部被漆成红色。采用纯实木和无毒油漆制作，表面仅用橄榄油和蜂蜡处理。

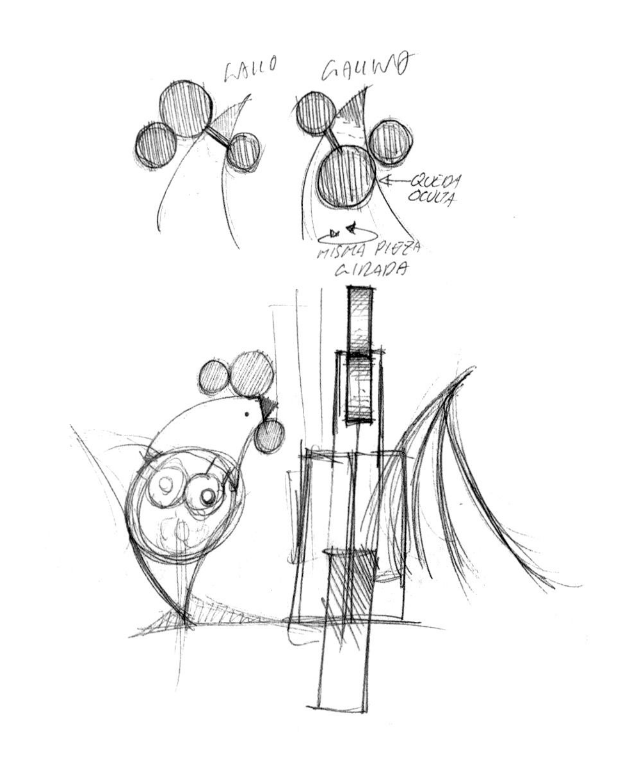

设计师 / Pablo Saracho　　**摄影** / Aitor Diago Sánchez　　**客户** / wodibow

¿Qué fue antes, el gallo o la gallina?
Con Chicock la duda queda resuelta. Los dos a la vez. Y si te atreves a abrir la caja y sacar a Chicock de su corral descubrirás por qué lo decimos.
Chicock es una gallo que cuando le das la vuelta se convierte en gallina o una gallina a la que si le das la vuelta se convierte en gallo. Y los dos se mueven como lo que son, porque tienen el alma mecanizada que les proporcionan bastante libertad de movimientos. 9 piezas, 100% de madera de haya encerada que según cómo las pongas se convertirán en gallo o gallina.
Juega con Chicock y descúbrelo.
ChiCoK

CWIC 四季之树

设计机构 / wodibow (Wod y otros SL)
销售网站 / www.wodibow.com

Cwic 是四季之树。设计师将设计、互动、自然和乐趣结合在一起，创造出一个极具教育意义的玩具。充分发挥想象，可以混合不同的零件，用这棵树体现所有的季节。这棵树的设计既能引导我们度过所有的季节，又能用来理解生命的循环。

Cwic 是在山毛榉木上手绘的，包装是一个盒子，也可以作为实木的花盆。

设计师 / Pablo Saracho　**摄影** / Aitor Diago Sánchez　**客户** / wodibow

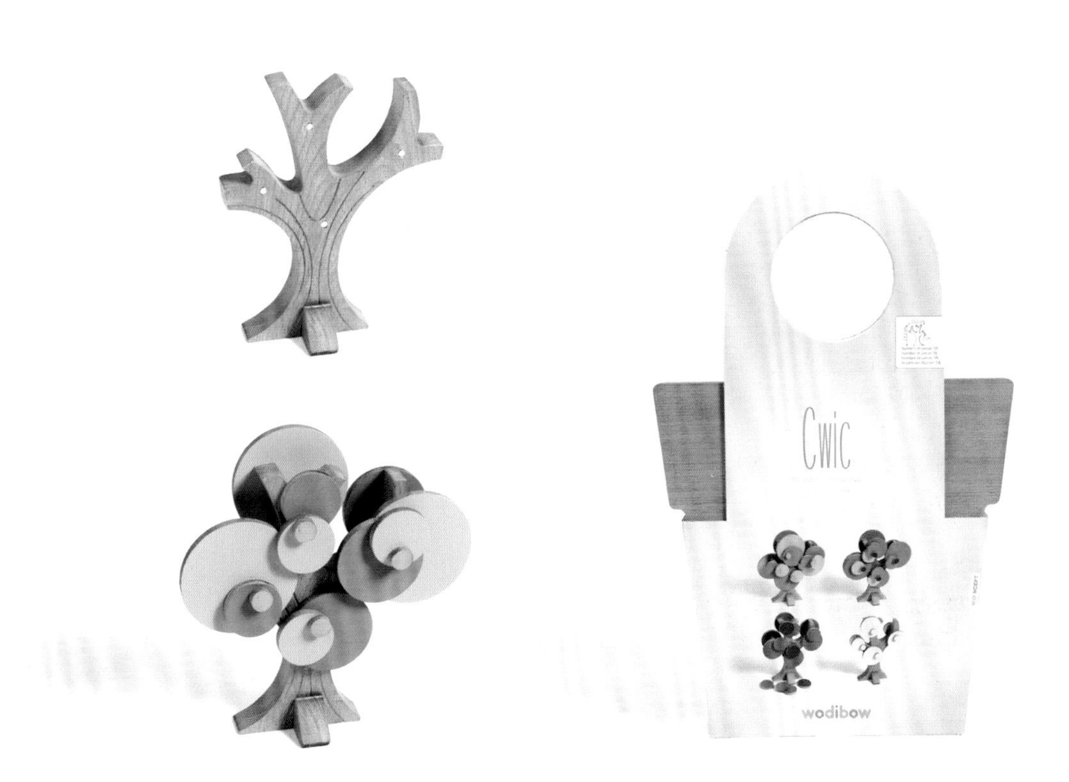
Cwic
wodibow

wodibow

MASTODONTS 木制磁性玩具

设计机构 / wodibow (Wod y otros SL)
销售网站 / www.wodibow.com

如何将简约设计和力学结合起来，创造出新的与众不同的玩具呢？同时还要满足品牌采用 100% 天然材料的目标。

Mastodonts 是一组木制磁性玩具套装。简约的设计，没有使用塑料、油漆、清漆，也没有使用胶水。玩家可以通过改变头部、嘴巴和耳朵，用同一个身体拼成四个动物。只有把所有的部件拼在一起，才能看出不同的动物。各个部件仅用山毛榉木和磁铁制成。表面用橄榄油和蜂蜡处理。装在一个由杨树和纸板组成的盒子里。套装还包括一块布和一罐蜡，方便进行保养。

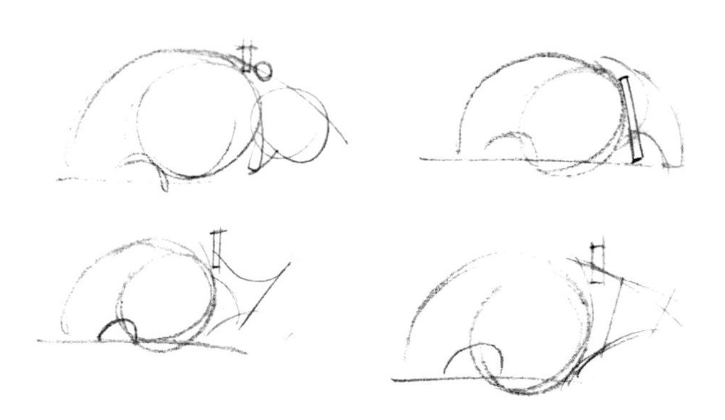

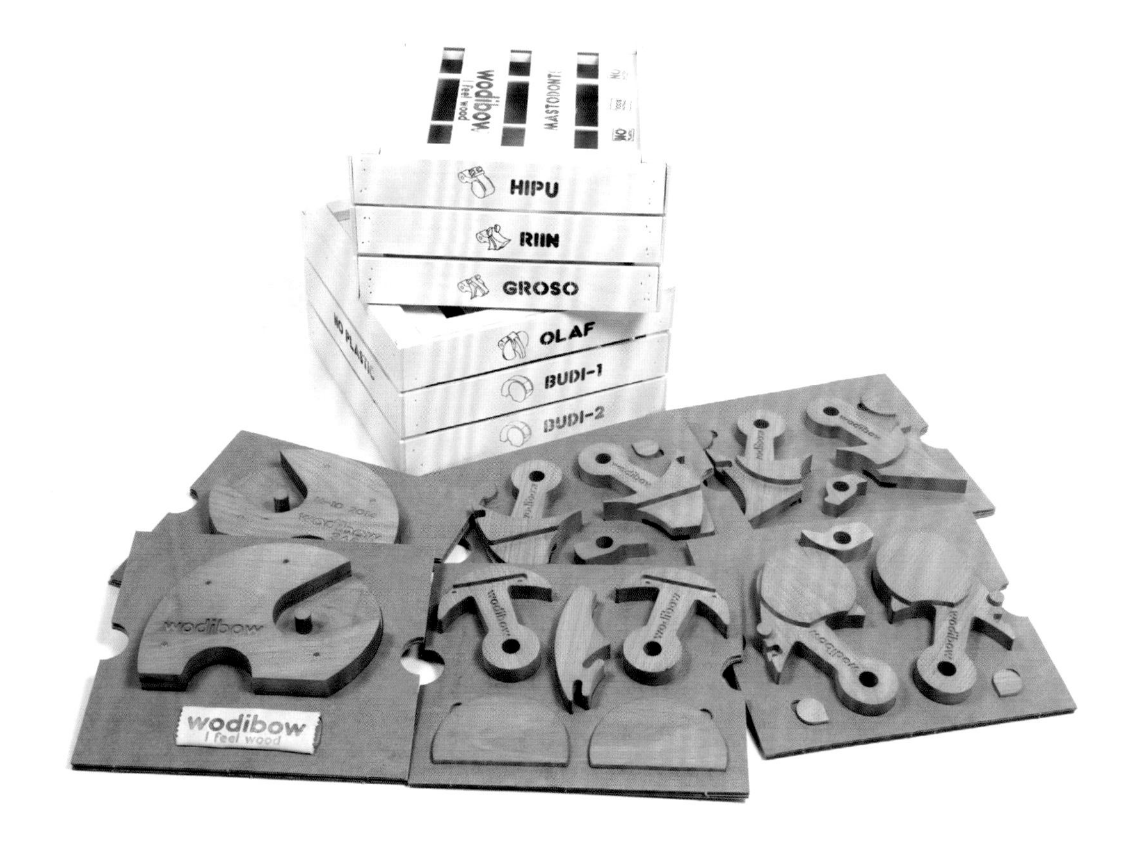

设计师 / Pablo Saracho　**摄影** / Aitor Diago Sánchez　**客户** / wodibow

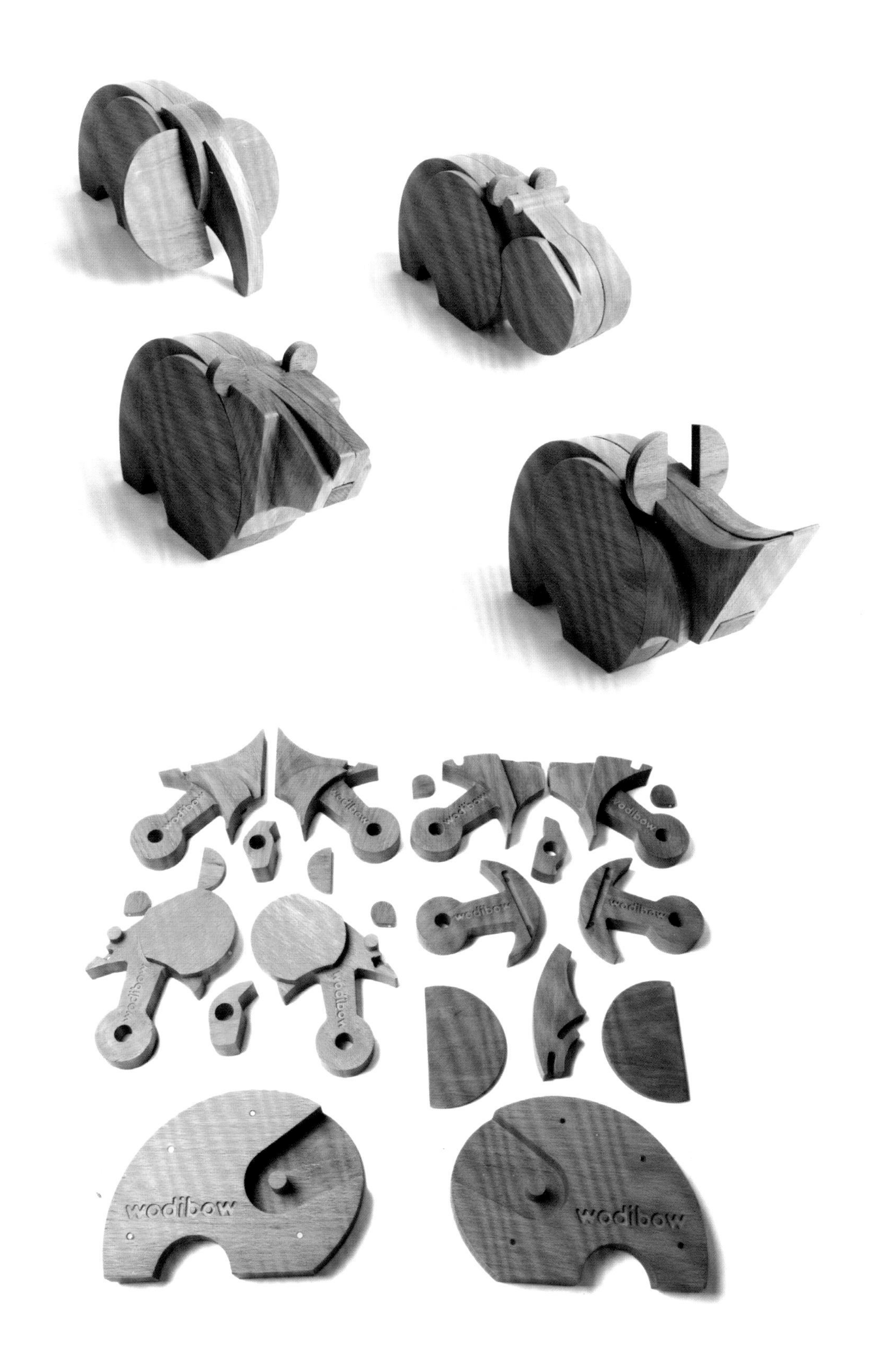

国家 / 西班牙　　**获奖信息** / 2015 红点设计奖，2015A’设计大奖银奖，2015IDA 国际设计奖

WOONKIS 木制磁性玩具

设计机构 / wodibow (Wod y otros SL)
销售网站 / www.wodibow.com

如何将简约设计和力学结合起来，创造出新的与众不同的玩具呢？同时还要满足品牌采用 100% 天然材料的目标？

Woonkis 是一组木制磁性玩具套装，里面的人物可以像霹雳舞者一样活动。搭配不同的配件，可以创造多样世界和无尽冒险：从冲浪者到海盗战士，千变万化。设计简约，不使用塑料。

Woonkis 由 11 个部件组成，所有部件都由磁铁和膝盖关节连接在一起，这样就可以做出无穷无尽的动作。用这款玩具打造属于自己的冒险故事。

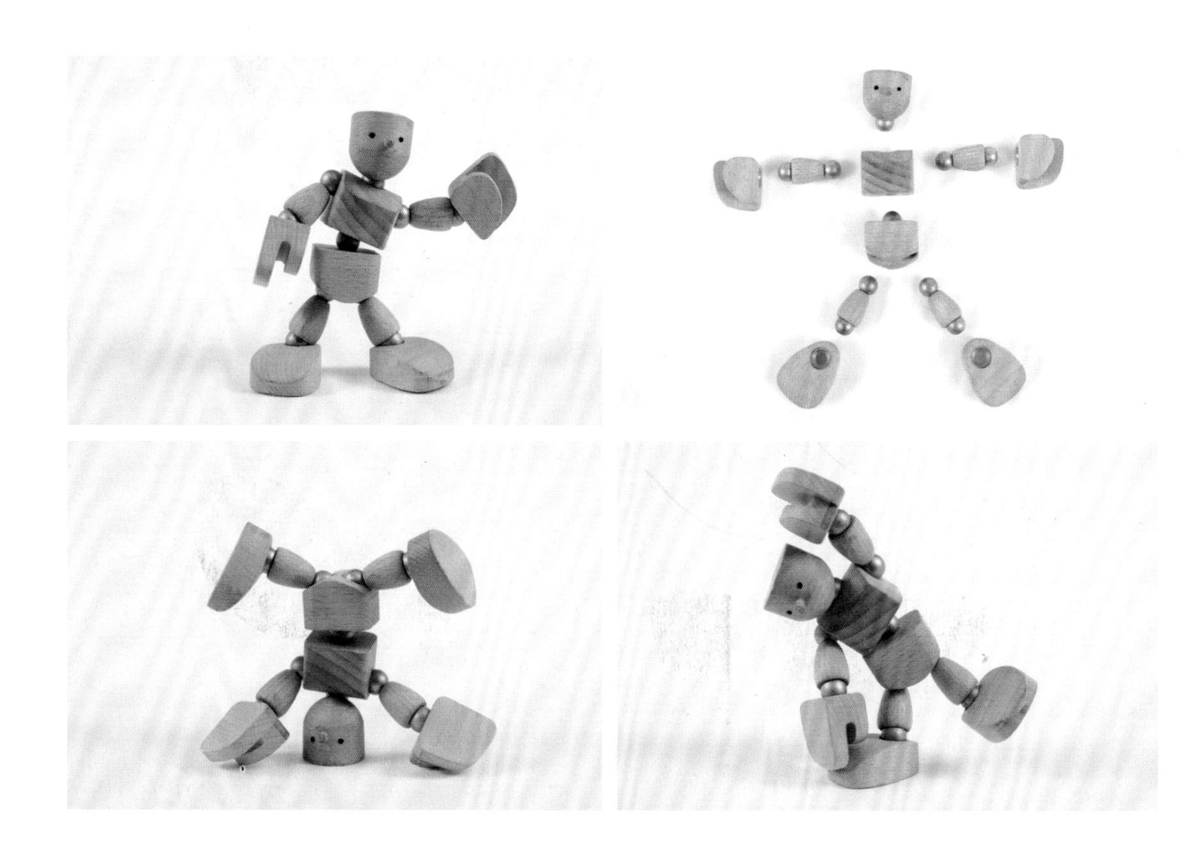

设计师 / Pablo Saracho　　**摄影** / Aitor Diago Sánchez　　**客户** / wodibow